EUL VERLAG

EINZELSCHRIFTEN

Adrian Liebetrau
Self-Service-BI im Reporting – Eine empirische Untersuchung zu Anwendungspotentialen im Controlling
Siegburg 2018 • 128 S. • € 48,- (D) • ISBN 978-3-8441-0547-6

Marco Wittmann
Anbieterkonzentration auf dem Wirtschaftsprüfungsmarkt in Deutschland – Eine empirische Analyse
Siegburg 2018 • 548 S. • € 90,- (D) • ISBN 978-3-8441-0549-0

Stefan Graeser
Technikgenese und Social Media Marketing von High-End HiFi
Siegburg 2018 • 68 S. • € 40,- (D) • ISBN 978-3-8441-0554-4

Christina Weiß
Personalentwicklung von Projektleitern – Methoden zur Erweiterung von Kompetenzprofilen
Siegburg 2018 • 268 S. • € 62,- (D) • ISBN 978-3-8441-0555-1

Dirk Lauscher
Einfluss gesundheitswirtschaftlicher Regulierung auf das Krankenhauscontrolling – Eine internationale Vergleichsstudie
Siegburg 2018 • 344 S. • € 70,- (D) • ISBN 978-3-8441-0560-5

Simon Becker
Die steuerliche Abziehbarkeit von Geldstrafen und Geldbußen
Siegburg 2018 • 264 S. • € 62,- (D) • ISBN 978-3-8441-0566-7

Daniela Baumhauer
Transfer von Erfahrungswissen im Arbeitsprozess der Produktionsplanung in der Automobilindustrie
Siegburg 2018 • 192 S. • € 56,- (D) • ISBN 978-3-8441-0568-1

Transfer von Erfahrungswissen im Arbeitsprozess der Produktionsplanung in der Automobilindustrie

Von der Fakultät Graduate School of
Excellence advanced Manufacturing Engineering
der Universität Stuttgart zur Erlangung der Würde eines
Doktors der Wirtschafts- und Sozialwissenschaften
(Dr. rer. pol.) genehmigte Abhandlung

Vorgelegt von

Dipl. oec. Daniela Baumhauer

aus Stuttgart Bad-Cannstatt

Hauptberichter:	Prof. Dr. Georg Herzwurm
Mitberichter:	Prof. Dr. Sabine Pfeiffer

Tag der mündlichen Prüfung:	11.01.2018

Graduate School of Excellence advanced Manufacturing Engineering der
Universität Stuttgart

2018

Daniela Baumhauer

Transfer von Erfahrungswissen im Arbeitsprozess der Produktionsplanung in der Automobilindustrie

EUL VERLAG

Bibliografische Information der Deutschen Nationalbibliothek

Die Deutsche Nationalbibliothek verzeichnet diese Publikation in der Deutschen Nationalbibliografie; detaillierte bibliografische Daten sind im Internet über <http://dnb.d-nb.de> abrufbar.

Dissertation, Universität Stuttgart, 2018

D 93

ISBN 978-3-8441-0568-1
1. Auflage Dezember 2018

JOSEF EUL VERLAG GmbH
Zeithstr. 356
53721 Siegburg
Tel.: 0 22 05 / 90 10 6-80
Fax: 0 22 05 / 90 10 6-88
https://www.eul-verlag.de
info@eul-verlag.de

Bei der Herstellung unserer Bücher möchten wir die Umwelt schonen. Dieses Buch ist daher auf säurefreiem, 100% chlorfrei gebleichtem, alterungsbeständigem Papier nach DIN 6738 gedruckt.

Für meine Oma Lucia.

Vorwort

Die vorliegende Arbeit entstand während meiner Tätigkeit als Doktorandin der Graduate School of Excellence advanced Manufacturing Engineering (GSaME) der Universität Stuttgart und der Daimler AG.

Der erste Dank gilt meinem Erstbetreuer Herrn Prof. Dr. Georg Herzwurm für die Betreuung der Arbeit. Er hat diese Arbeit engagiert und zuverlässig begleitet, die interdisziplinäre Herausforderung angenommen und meine Forschung durch wertvolle Hinweise bereichert.

Frau Prof. Dr. Sabine Pfeiffer, meiner Mitberichterin, danke ich für ihre Bereitschaft, mich und diese Arbeit durch ihre wertschätzende und menschliche Art und ihre anspruchsvollen Diskurse vorangebracht zu haben. Ihre Denkanstöße und praktischen Hinweise, die ich in den Kolloquien am Lehrstuhl für Arbeitssoziologie der Universität Hohenheim erhielt, inspirierten diese Arbeit.

Für die industrieseitige Betreuung und Finanzierung dieser Forschung bedanke ich mich herzlich bei der Daimler AG und ganz persönlich bei Herrn Dipl.-Ing. Oskar Heer, Leiter der Arbeitspolitik, der mein Vorhaben über die 3 Jahre begleitete. Von ihm habe ich eine ziel- und lösungsorientierte Herangehensweise erlernt, die mein weiteres Berufsleben prägen wird. Herrn Dipl.-Ing Andreas Mürdter danke ich für seine wissenschaftlichen Hinweise und den Erfahrungsaustausch zum Demografiemanagement sowie für die stetige Förderung meiner Arbeit.

Mein besonderer Dank gilt Herrn Dipl.-Ing. Ralf Beutner, der mir ermöglichte, meine Fallstudie in seiner Abteilung der Produktionsplanung durchzuführen. Für die Offenheit und die zahlreichen Erfahrungsberichte, die das Herzstück dieser Arbeit darstellen, bedanke ich mich bei allen Interviewpartnern.

Frau Prof. Dr.-Ing. Sylvia Rohr, Geschäftsführerin der GSaME, danke ich für ihre vorbehaltlose Förderung und ihr Zutrauen während meiner gesamten Dissertationszeit. Sehr wertvolle Hilfestellungen erhielt ich durch meinen Mentor Herrn Dipl.-Ing. Hans-Friedrich Jacobi. Ihm war keine Mühe zu viel, mich und mein Vorhaben jederzeit zu unterstützen. Ihm gilt mein herzlichster Dank.

Nicht zuletzt danke ich meiner Familie – Hans, Doris und Fabian – die mich immer darin bestärkte, mein Leben eigenständig zu gestalten und meinen Weg zu gehen. Durch ihren Rückhalt und ihre Liebe habe ich es geschafft, Situationen des Zweifels zu überwinden und Kraft zu tanken, um dieses große Ziel zu erreichen. Zum Schluss bedanke ich mich bei Sebastian, der mir durch die „Brille" eines Ingenieurs stets die Augen für eine andere Perspektive öffnete. Durch seinen Optimismus, seine Liebe und seine großartige Unterstützung trug er zum Gelingen dieses Vorhabens bei.

Stuttgart, Oktober, 2017 Daniela Baumhauer

Inhaltsverzeichnis

Abbildungsverzeichnis

Tabellenverzeichnis

Abkürzungsverzeichnis

$	US-Dollar
%	Prozent
€.	Euro
§	Paragraph
Ba	Ort (jap.)
bspw.	beispielsweise
ca.	circa
CNC	Computerized Numerical Control
d.h.	das heißt
entspr.	entspricht
ERA	Entgeltrahmen
ERP	Enterprise-Ressource-Planning
et al.	et alii/aliae (und andere)
ggf.	gegebenenfalls
IT	Informationstechnologie
Mio.	Million
Mrd.	Milliarde
Nr.	Nummer
OEM	Original Equipment Manufacturer
z.B.	zum Beispiel
z.Dt	zu Deutsch

Zusammenfassung

Der demografische Wandel in Deutschland zeigt sich in einer sinkenden Bevölkerung im erwerbsfähigen Alter bei einer gleichzeitig steigenden Zahl älterer Arbeitskräfte.

Für die Unternehmen bedeutet dies einen Anstieg des Durchschnittsalters, verlängerte Erwerbszeiten und schließlich das Ausscheiden von Generationen mit großen Erfahrungsschätzen. Für die Mitarbeiter bedeutet dies das Zusammenarbeiten mit vielen Generationen, das Einbringen und Weiterentwickeln ihres Wissens sowie das Erhalten ihrer Motivation und Leistungsfähigkeit bei einer verlängerten Lebensarbeitszeit. Hieraus resultiert insbesondere die Herausforderung, wie die Nutzung des bestehenden sowie der Transfer des abgehenden Erfahrungswissens zeitlebens geschaffen werden kann.

Neben dem Wandlungstreiber Demografie strömen weitere Anforderungen in Form von gestiegenen, individuellen Kundenwünschen und schnelleren Time-to-Market-Zeiten auf produzierende Unternehmen ein. Diese erhöhen den Innovationsdruck auf neue Produktvarianten und führen damit zu kürzeren Entwicklungs- und Produktionszeiten, die innerbetrieblich gemanagt werden müssen. Neue Informationstechnologien führen zu einer schnelleren Verfügbarkeit von Wissen und unterstützen die Reaktionszeiten auf Anfragen. Allerdings erhöhen sich die Abstimmungsbedarfe.

In der Komplexität und Kurzfristigkeit des Produktionsumfeldes und der Veränderung durch die große abgehende Zahl von erfahrenen Wissensträgern untersucht die vorliegende Arbeit, wie das Erfahrungswissen im Arbeitsalltag besser genutzt und an bestehende und nachfolgende Generationen transferiert werden kann.

Hierzu wird systematisch herausgearbeitet, welche Relevanz Erfahrungswissen im heutigen Produktionskontext von Automobilherstellern spielt und welches Potenzial die tägliche Zusammenarbeit für den Erfahrungswissenstransfer birgt.

Bestehende Wissenstransfermethoden reichen aufgrund ihrer zeitlich befristeten Anwendung „losgelöst vom Arbeitsgeschehen“ nicht aus, das speziell durch Handlungen sichtbar werdende Erfahrungswissen zu transferieren. Anhand einer Fallstudie in der Produktionsplanung identifiziert die vorliegende Arbeit Zusammenarbeitsformen, die sich für den Transfer von Erfahrungswissen eignen. Das „auslösende Moment“ für die

Externalisierung von Erfahrungswissen sind unter anderem die Erarbeitung von Konzepten, die Besprechung von Vorgehensweisen oder die Diskussion von Problemlösungen am Gegenstand der Arbeit.

Eine Erkenntnis ist, dass die Produktionsplaner je nach inhaltlichem Anliegen zumeist „unbewusst" auf die für sie geeignete Zusammenarbeitsform zurückgreifen. Das informale Kollegengespräch ist dabei die meist genutzte Form. Zurückgeführt wird die Wahl der Form auf bestimmte Rahmenbedingungen. Hierzu gehören Anlassbezogenheit, Interaktionsintensität, zeitliche Dauer oder Ort.

Zu förderlichen Rahmenbedingungen zählen außerdem Faktoren wie eine gemeinschaftliche und explorative Vorgehensweise bei der Lösung von Problemen oder die Eigeninitiative: Nicht zu warten, bis das nächste offizielle Gremium stattfindet, sondern die vorherige Klärung „am Arbeitsort" bei der Entwicklungsabteilung oder der Produktion verhindern lange Abstimmungsprozeduren und stärken die Arbeitsbeziehungen und den Erfahrungswissenstransfer.

Überraschenderweise eignen sich auch formale Zusammenarbeitsformen für einen Erfahrungswissenstransfer, wenn diese bestimmte Rahmenbedingungen erfüllen. Entscheidend sind eine hohe Wechselseitigkeit in der Kommunikation oder das Einbinden von Erfahrungsträgern unterschiedlicher Fachbereiche.

Hieraus folgt als Handlungsempfehlung für die Praxis, dass formale Zusammenarbeitsformen durch informale Bausteine angereichert werden und mehr Zeit für informalen Austausch eingeräumt wird, bspw. durch die Einführung von „Off-Times".

Zusätzlich werden personalpolitische Handlungsfelder identifiziert, die Organisationen einen Rahmen für erfolgreichen Erfahrungswissenstransfer aufzeigen.

Als Ergebnis für Unternehmen wird eine Online-Darstellung auf der firmeninternen Kommunikationsplattform, wie z.B. des Intranets, empfohlen, welche die Stellhebel und Ansatzpunkte für den Transfer von Erfahrungswissen systematisch aufzeigt. Führungskräfte und Mitarbeiter werden dabei unterstützt, das für sie geeignete Instrument für ihre spezifische Fragestellung auszuwählen.

Abstract

Demographic change in Germany is accompanied by a declining population of the working age and a simultaneous increase in the number of older workers. For companies, this means an increase in the average age of employees, extended periods of employment, and the release of large numbers of employees with great experience. For the employees, this means working together with other generations, developing their competencies and introducing their knowledge, motivation and self-reliance in the job, especially in the later years of employment. Results are shown in the question of how to manage the existing tacit knowledge and how to establish ways to transfer and save it.

At the same time, due to changes and transformation in global markets and IT-Technologies, new demands are emerging for manufacturing companies that require quick reaction times as well as tailor-made, customized and innovative products. This shortens the times of developing and producing products. IT provides companies with a higher level of availability and the access to the needed knowledge, but simultaneously it involves quicker times of coordination and fast decision making.

In between the long-term knowledge of the experienced staff which will leave the companies and short-term, organizational change-drivers, this research investigates how the systematic elaboration of the relevance of tacit knowledge in handling tasks in the context of production planning in manufacturing companies is systematically worked through and therefore how a sustainable transfer of knowledge can take place.

Moreover, the research work presents guidelines how experience and knowledge can be exchanged between employee generations through the daily forms of business.

Existing methods of knowledge transfer are limited in transferring the „tacit“ knowledge. The considered knowledge in this research work is characterized by practical experience and activities in the work field of production planning. In order to transfer this special knowledge, it is essential to focus on the daily business. Through the discussion and communication of tasks, problems and best practices employees use special forms of their daily business where tacit knowledge can be transferred.

Therefore, one result is the use of an informal Face-to-Face conversation between employees which characterizes the most chosen option for discussing critical topics

Mit dem Ausscheiden der „älteren“ Mitarbeiter verlässt zugleich viel Erfahrungswissen die Unternehmen.[21] Gemäß Erlach et al. stecke in den Erfahrungsträgern ein erheblicher Teil des Organisationswissens, das sich bspw. in Form von Netzwerken zeige.[22] In einer Studie von Leonard et al. wurden die Einstellungskosten eines neuen Mitarbeiters mit den Kosten für das Austreten eines erfahrener Experten verglichen. Die Rekrutierung eines neuen Mitarbeiters koste demnach ca. 50.000 $, der Weggang eines erfahrenen Experten dagegen bis zu 1 Mio. $.[23]

Die Autoren verdeutlichen die möglichen Auswirkungen, die durch den demografischen Wandel entstehen. Sie zeigen, dass es sich um Wissen von Individuen handelt, das über viele Jahre angehäuft wurde. In der Literatur wird dies als „Erfahrungswissen“[24] bezeichnet. Nach Lippert et al. führe der demografische Wandel und der dadurch stattfindende Abgang erfahrener Wissensträger zu der Fragestellung, wie das Wissen transferiert und gesichert werden kann. Hierzu sprechen die Autoren den „Kompetenzverlust durch den Ausstieg wichtiger Erfahrungsträger“ sowie die „Schwierigkeit bei der Integration jüngerer Nachwuchskräfte in die jahrelang gewachsenen traditionellen Netzwerke der Stammbelegschaft“ an.[25]

1.2. Problemstellung

Produzierende Unternehmen sind also mit externen Wandlungstreibern wie veränderten Kundenwüschen und internen Wandlungstreibern, wie der Neuordnung von Beschäftigten- und Wissensstrukturen konfrontiert. Aus beiden Wandlungstreibern ergibt sich die Herausforderung, wie das bestehende Wissen besser genutzt und wie das Erfahrungswissen trotz zukünftiger Wissensabgänge erhalten und an nachfolgende Generationen übertragen werden kann.

Hierzu ist die Betrachtung der Beschaffenheit von Wissen notwendig. Wissen beinhaltet explizite und implizite Anteile.[26] Unter den impliziten Anteilen verstehen Zander/Kogut das „Know-how“ eines Unternehmens: Dazu zählen Organisationskultur und

geburtenstarken Jahrgänge der Generation „Babyboomer“ (Geburtsjahre 1956-1965) das Renteneintrittsalter erreichen und aus dem Arbeitsmarkt ausscheiden.

21 Vgl. Echterhoff (2012), S. 37 und te Boekhorst (2009), S. 1.

22 Vgl. Erlach/Orians/Reisach (2013), S. 14 f.

23 Vgl. Leonard/Swap/Barton (2015), S. 12 f.

24 Böhle/Milkau (1988);Staudt/Kriegesmann (2000); Pfeiffer/Suphan (2015b); Pfeiffer (2007); Porschen (2008); Nonaka/Krogh (2009); Plath (2002); Böhle (2005); Erlach/Orians/Reisach (2013).

25 Lippert/Aster/Wessels (2001), S. 4.

26 Vgl. Nonaka (1994), S. 16 ff.

-struktur sowie Wissen und Kompetenzen der Mitarbeiter.[27] Bezogen auf die Verfügbarkeit und Weitergabe unterscheiden sich die impliziten von den expliziten Wissenselementen. Explizites Wissen wird durch die Kommunikation von Fakten offengelegt und ist zugänglich für andere Personen. Somit ist es kodifizierbar.[28] Implizites Wissen („tacit knowledge")[29] ist weniger leicht zugänglich, es ist personengebunden und erst durch das Handeln sichtbar.[30] Um die impliziten Wissenselemente zu explizieren, sind aus Sicht der Autoren Szulanski et al. die folgenden Faktoren notwendig:

1. Die Interaktion zwischen Individuen,
2. die personalisierte Kommunikation,
3. Beobachtungen in der Praxis,
4. die Eigenschaften des Wissensempfängers.[31]

Da Erfahrungswissen zu einem großen Teil aus implizitem Wissen besteht, stoßen kodifizierende Ansätze[32] für Wissenstransfer an ihre Grenzen.[33] Gemäß Erlach et al. existiere das Missverständnis, dass kodifiziertes Wissen bereits einen gelungenen Wissenstransfer darstelle. Die Autoren sehen dies kritisch, „(..) da immer die Frage bleibt, welche Interpretationen die Beteiligten in die Codes legen, ob sie also auch das verstehen, was gemeint war."[34] Spender führt diesen Gedanken fort, indem er im expliziten Wissen nur die „Spitze des Eisberges" sieht. Die Kodifizierung mache dieses zwar sichtbar und speicherbar, die relevanten Wissensanteile seien jedoch in sozialen Kontexten eingebettet und blieben daher verborgen.[35]

Die beschriebenen Anforderungen bergen Risiken und Chancen für den Transfer von Erfahrungswissen. Informations- und Kommunikationstechnologien ermöglichen eine schnellere Verfügbarkeit von explizitem Wissen, zugleich nimmt die Schnelligkeit der

---

27 Vgl. Kogut/Zander (1995), S. 77.

28 Grant (1996), S. 111.

29 Polanyi (1967), S. 313.

30 Kogut/Zander (1992) zitiert nach Grant (1996), S. 111: „Tacit knowledge is revealed through its application. If tacit knowledge cannot be codified and can only be observed through its application and acquired through practice, its transfer between people is slow, costly, and uncertain."

31 Szulanski/Ringov/Jensen (2016), S. 306 ff.

32 Erlach/Orians/Reisach (2013), S. 271: „Als Kodifizierung wird die Niederlegung von Wissensinhalten in Zeichen, also in Sprache, Text oder Bilder verstanden. Sie ist die Grundbedingung, um Wissen von einer Person abzukoppeln und es zu explizitem Wissen zu machen. Ohne Kodifizierung kann Wissen nicht dokumentiert werden."

33 Vgl. Porschen (2008), S. 92 ff.

34 Erlach/Orians/Reisach (2013), S. 271.

35 Spender (1996), S. 54: "Our explicit knowledge is but the small communicable cap of the iceberg of preconscious collective human knowledge, the vast bulk of which is tacit, unseen, and embedded in our social identity and practice."

Wissensübertragung zu. Eine schnelle Reaktion auf veränderte Markt- oder Kundenerfordernisse durch bspw. die Anpassung der Produktionstechnologien ist eine aufgezeigte Konsequenz. Hieraus ergeben sich nicht nur mehr Abstimmungsbedarfe, es werden auch fundierte Entscheidungen und Handlungen zur erfolgreichen Bewältigung benötigt. Einen Lösungsweg hierfür bietet das Erfahrungswissen. Erfahrene Wissensträger haben gelernt, für ungeplante Situationen unterschiedliche Lösungswege zu entwickeln. Sie verfügen über ein hohes Prozessverständnis und können Ursache-Wirkungsbedingungen leicht ableiten.[36]

Jedoch bestehen nach wie vor Herausforderungen auf dieses Erfahrungswissen zuzugreifen und es an andere zu transferieren. Nach Pfeiffer gelingt „(..) die Weitergabe von Erfahrungswissen am besten in der jeweiligen Situation und durch direktes Zeigen, mit Hilfe von Nachmachen und gemeinsamem Tun."[37].

1.3. Zielsetzung

Die vorliegende Forschungsarbeit befasst sich mit der zentralen Fragestellung, wie es produzierende Unternehmen schaffen, im zunehmend komplexen Produktionsumfeld Erfahrungswissen zu transferieren. Da für einen erfolgreichen Erfahrungswissenstransfer der direkte Bezug zum Arbeitskontext notwendig ist, möchte die vorliegende Arbeit Antworten finden, welche Gelegenheiten sich in der täglichen Zusammenarbeit für Erfahrungswissenstransfer eignen.

- Zunächst soll untersucht werden, in welcher Weise Erfahrungswissen zur Bewältigung von Aufgaben im Produktionsumfeld wirkt.
- Dann sollen Gelegenheiten und Formen der Zusammenarbeit identifiziert werden, die den Erfahrungswissenstransfer ermöglichen.
- Schließlich sollen begünstigende Rahmenbedingungen in der Zusammenarbeit für einen gelingenden Erfahrungswissenstransfer abgeleitet werden.

Erfahrungswissenstransfer wird dabei im Umfeld der Produktionsplanung untersucht. Diese ist aufgrund ihrer Schnittstellenfunktion zwischen Entwicklung und Produktion durch einen hohen Abstimmungsgrad gekennzeichnet und eignet sich daher besonders für diese Untersuchung. Die folgende Abbildung visualisiert den Fokus und die Zielsetzung der vorliegenden Arbeit.

---

36 Vgl. Böhle (2005), S. 12 ff. und Leonard/Swap/Barton (2015), S. 25 ff.
37 Pfeiffer (2007), S. 185.

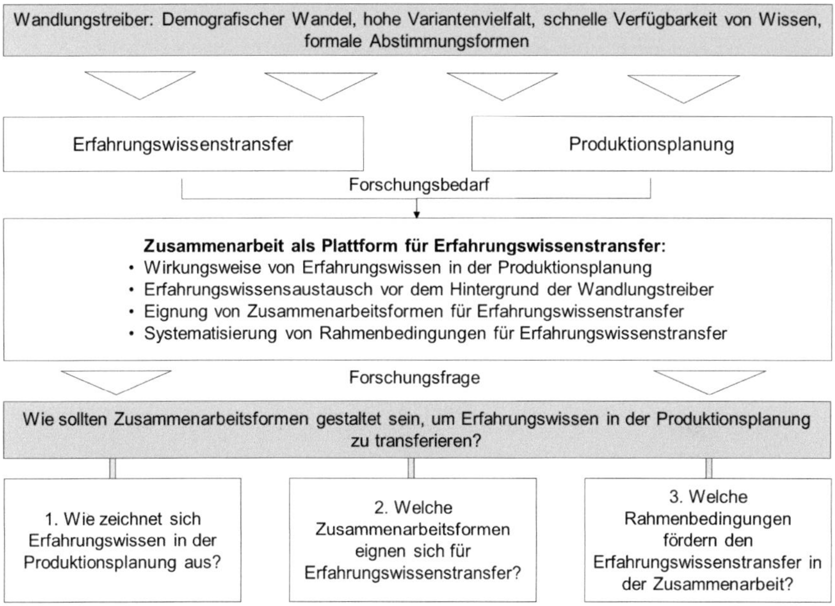

Abbildung 1: Zielsetzung der Arbeit

1.4. Aufbau der Arbeit

Für die Bearbeitung der Forschungsfragen wurde die Struktur der vorliegenden Arbeit in sechs Kapitel gegliedert. Im ersten Kapitel wird der Forschungsgegenstand „Erfahrungswissenstransfer“ vor dem Hintergrund der Ausgangssituation von “Erfahrungswissen als bedeutende Ressource“ sowie aktueller Wandlungstreiber produzierender Unternehmen eingeführt. Die daraus resultierende Problemstellung wird abgeleitet und die Zielsetzung der Arbeit erläutert.

Im anschließenden zweiten Kapitel „Stand der Wissenschaft“ werden die für die nachfolgende Untersuchung notwendigen theoretischen Grundlagen gelegt. Das Kapitel befasst sich mit einer Literaturanalyse zu den zentralen Begrifflichkeiten, die sich um das Phänomen Erfahrungswissenstransfer reihen und leitet ab, welche Lösungswege für einen gelingenden Erfahrungswissenstransfer bestehen. Zudem wird anhand der Ergebnisse einer eigenen Vorbefragung erörtert, warum Wissenstransfermethoden nicht vollumfänglich für den Transfer von Erfahrungswissen geeignet sind. Den Abschluss des Kapitels bilden die Zusammenführung der zentralen Begriffe, der daraus resultierenden Forschungsbedarf sowie die zentrale Forschungsfrage.

Abbildung 2: Aufbau und Vorgehensweise der Arbeit

Kapitel drei legt die Grundlage für die Beantwortung der Forschungsfrage durch ein „qualitatives Forschungsdesign“. Die Untersuchung, die in Kapitel vier behandelt wird, stellt eine „Einzelfallstudie in der Produktionsplanung eines Automobilherstellers“ dar. Durch die Datenanalyse und -auswertung werden Ergebnisse generiert und Antworten gefunden, wodurch ein erfolgreicher Erfahrungswissenstransfer gelingen kann. Aufbauend auf den empirischen Ergebnissen werden in Kapitel fünf „Implikationen für Praxis und Forschung“ in Form von Empfehlungen und Maßnahmen abgeleitet.

Im letzten Kapitel sechs werden die Untersuchung sowie verwendete Methoden kritisch reflektiert, die „Übertragbarkeit“ diskutiert sowie ein „Ausblick auf weiteren Forschungsbedarf“ im Rahmen des Erfahrungswissenstransfers produzierender Unternehmen gegeben. Die folgende Abbildung veranschaulicht den Aufbau und die Vorgehensweise der vorliegenden Arbeit.

2. Stand der Wissenschaft

In diesem Kapitel werden die zentralen Begrifflichkeiten definiert und das theoretische Fundament der vorliegenden Arbeit gelegt.

Zunächst werden die elementaren Grundbegriffe Wissen und Erfahrung sowie Erklärungsansätze zu Erfahrungswissen (Abschnitt 2.1) hergeleitet. Es folgt der Abschnitt Erfahrungswissenstransfer (Abschnitt 2.2): Neben bekannten Wissenstransfermodellen und -methoden wird eine empirische Untersuchung vorgestellt, welche die Eignung von Wissenstransfermethoden für den Erfahrungswissenstransfer betrachtet.

Da die vorliegende Arbeit Erfahrungswissenstransfer im Arbeitsprozess der Produktionsplanung untersucht, werden in Abschnitt 2.3 theoretische Konzepte zu Arbeitsprozessen in Organisationen beleuchtet. Nach einer Analyse der Theorien und Modelle zu Erfahrungswissenstransfer wird der Forschungsbedarf abgeleitet. Hierzu werden die zentralen Begrifflichkeiten der Arbeit zusammengeführt (Abschnitt 2.4), woraus sich drei Forschungsfragen ergeben (Abschnitt 2.5).

2.1. Erfahrungswissen

Im vorliegenden Abschnitt liegt der Fokus auf der Erläuterung des zentralen Begriffes der Forschungsarbeit: Erfahrungswissen. Dieses setzt sich zusammen aus den Komponenten **Erfahrung und Wissen**. Im Folgenden werden beide Begriffe einzeln definiert und schließlich zusammengeführt. Anschließend werden zwei Erklärungsansätze vorgestellt, die diese Wissensart mit Hilfe von Dimensionen clustern und systematisieren. Hierdurch entsteht ein klares Bild über die verschiedenen Facetten von Erfahrungswissen.

2.1.1. Erfahrung

Eine Annäherung an den Erfahrungsbegriff ist durch unterschiedliche Sichtweisen möglich: philosophisch, lernpsychologisch oder arbeitswissenschaftlich. Die einzelnen Blickrichtungen veranschaulichen die Vielschichtigkeit, Detailtiefe und Ungenauigkeit dieses Begriffes.[38] Der Duden[39] nennt als Herkunft das mittelhochdeutsche Wort „Evarunge“ mit einer synonymen Bedeutung von „Durchwanderung“ oder „Erforschung“ und bietet drei Definitionen an:

---

[38] Vgl. Bruggman (2000), S. 39 ff.
[39] Duden online (2017), URL siehe Literaturverzeichnis.

1. „Erfahrung ist bei praktischer Arbeit oder durch Wiederholung gewonnene Kenntnis, Routine.“ (arbeitswissenschaftlich)[40]
2. „Erlebnis, durch das jemand klüger wird.“ (lernpsychologisch/pädagogisch)
3. „Durch Anschauung, Wahrnehmung, Empfindung gewonnenes Wissen als Grundlage der Erkenntnis.“[41] (philosophisch).

Die erste Definition, die auch von den Autoren Böhme und Potyka getragen wird, zeigt den Zusammenhang von Praxis und Erfahrung: Eine Kenntnis, die sich durch Wiederholung einer Tätigkeit ergibt. Sie verstehen Erfahrungen als Wissen und Fertigkeiten, die in einem bestimmten Tätigkeitsfeld durch regelmäßiges Lösen entsprechender Aufgaben erworben werden.[42] Finke/Mertins beschreiben den Erkenntnisgewinn aufgrund von persönlicher Erfahrung, die in bestimmte Schemata oder mentale Modelle integriert wird.[43]

Alle drei Definitionen haben gemeinsam, dass zur Erlangung von Erfahrung eine Handlung notwendig ist, die zu einer neuen oder bestätigenden Erkenntnis führt. Lernpsychologisch geht damit sogar eine Veränderung des aktuellen Zustandes einher.

Die vorliegende Arbeit schließt sich der Definition von Bruggmann an:

> *„Erfahrung gründet auf wiederholtem Wahrnehmen von Ereignissen, die sich vorwiegend in der Auseinandersetzung mit den Arbeitsaufgaben, aber auch anderen Lebenssituationen ergeben. Die Transformation der Wahrnehmungsinhalte erfolgt durch Aufnahme, reflexive Verarbeitung, Interpretation und Verknüpfung mit bestehenden Konzepten. Dadurch entstehen veränderte Erlebnisweisen und Handlungsvoraussetzungen kognitiver, emotionaler und motivationaler Natur. Sie sind Grundlage für neue Erfahrungen.“*[44]

Die Definition wird als geeignet betrachtet, da das Erfahrungsmachen mit reflexiven Prozessen verknüpft wird. Dies weist auf die dynamische und transformative Eigenschaft hin, die Erfahrung dem Erfahrungsträger liefert. Es wird deutlich, dass Erfahrung statische (bisherige Handlungsweisen) und dynamische (Reize, die bisherige Handlungsweisen anpassen) Eigenschaften besitzt.

---

40 Digitales Wörterbuch der deutschen Sprache (2017), URL siehe Literaturverzeichnis.
41 Kant (1868), S. 22 ff.
42 Bruggman (2000), S. 48 mit Bezug auf Böhme/Potyka (1995), S. 68.
43 Mertins/Finke (2004), S. 37.
44 Bruggman (2000), S. 48.

Dem Prozess des Erlangens und Weiterentwickelns von Erfahrung entspricht die lernpsychologische Sichtweise. Es werden nun die „Theorie des Erfahrungslernens“ und das „Experte-Novize-Entwicklungsmodell“ vorgestellt, die für den Erwerb von Erfahrung relevant sind. Sie können den konstruktivistischen, erfahrungsbasierten Lerntheorien[45] zugeordnet werden.

Theorie des Erfahrungslernens

Die von Dewey[46] entwickelte Theorie des Erfahrungslernens betrachtet einen Prozess, der zwei Phasen beinhaltet: Aktive Handlung und sinnliche Rückmeldung. Es kommt zu einem Aufbau von Erfahrungen, wenn „(..) zwischen der aktiven und passiven Phase der Erfahrung ein Zusammenhang hergestellt und dieser reflexiv verarbeitet wird.“[47] Staudt und Kley subsumieren unter Erfahrungslernen „(..) Lernprozesse, die ohne vordergründige (Lern-)Intention durch die Arbeitsaufgabe selbst initiiert werden.“[48] Dabei betonen die Autoren die Kommunikation und die Beobachtung als zentrale Komponenten des Erfahrungslernens: „Charakteristisch für das informelle Lernen ist der Lernarchetyp Erfahrungsaustausch resp. Kommunikation (..). Darüber hinaus sind auch die Beobachtung – z.B. Modelllernen von Vorbildern (..) zu berücksichtigen.“[49] Als weitere Komponenten des Erfahrungslernens erwähnen sie noch zwei Eigenschaften: 1. Das Lernen aus Fehlern und 2. der Sprung ins kalte Wasser, also Tätigkeiten auszuüben, die neu sind. Wirksam im Sinne einer Lernerfahrung wird Erfahrung erst, wenn sie anschließend konstruktiv und kritisch reflektiert wird.[50]

Experte-Novize-Entwicklungsmodell

In Anlehnung an Böhme/Poytka entsteht „Arbeitserfahrung durch den Umgang mit Personen und Gegenständen anlässlich der Arbeit, wobei dieser Umgang in Wissen und Können umgesetzt wird.“[51] Dieser Prozess des Ausübens von Aufgaben zur Entfaltung konkreter Fähigkeiten durch Erfahrung wird von den Autoren Dreyfus/Dreyfus[52] und Rauner in einem Fünf-Stufen-Entwicklungsmodell – auch als Experte-Novize-Entwicklungsmodell bekannt – beschrieben.

---

45 Kolb (1984), S. 20 ff.
46 Dewey (1958), S. 1 ff.
47 Bruggman (2000), S. 42 mit Bezug auf Krüger/Lersch (1993), S. 144 f.
48 Staudt/Kley (2001), S. 233 mit Bezug auf Dehnbostel (1999), S. 6 ff.
49 Staudt/Kley (2001), S. 240.
50 Staudt/Kley (2001), S. 241, 255 mit Verweis auf das Lernkontinuum von Livingstone (1999).
51 Bruggman (2000), S. 46 in Anl. an Böhme/Potyka (1995), S. 68.
52 Dreyfus/Dreyfus (1980), S. 5 ff.

Den Ausgangspunkt bildet der Vergleich des Wissens- und Kenntnisstands eines neuen Mitarbeiters (Novize/Anfänger) mit dem eines erfahrenen Mitarbeiters (Experte). Durch die Bewältigung einer Aufgabe macht der Novize praktische Erfahrung und entwickelt seinen Kenntnisstand fort. „Was jemand zunächst – mangels entwickelter Kompetenzen – noch nicht kann, erlernt er in Konfrontation mit der Aufgabe, die bei ihm Kompetenzentwicklung auslöst.[53] Entlang des Fünf-Stufen-Prozesses wird über die Zeit Wissen und Erfahrung akkumuliert und schließlich systematisch fortentwickelt, sodass der anfängliche Novize beruflich handlungsfähig wird. Rauner betont in diesem Prozess den Austausch zwischen Experte und Novize: „Die Rekonstruktion der für die berufliche Kompetenzentwicklung bedeutsamen Arbeitsaufgaben gelingt am ehesten auf der Grundlage von „Experten-Facharbeiter-Workshops".[54] Die folgende Abbildung veranschaulicht den fünfstufigen Prozess.

Abbildung 3: Fünf-Stufen-Entwicklungsmodell[55]

Zum Modell von Dreyfus ist anzumerken, dass der Novize einen Zuwachs seiner Fähigkeiten nur durch das eigene „Erfahrungsmachen" erfährt. Dabei setzen sie sich von der kognitiven Lerntheorie ab, die besagt, dass sich Beruflichkeit und Profession durch das Abstrahieren konkreter Situationen herausbilden. "Therefore, in the account of skill

[53] Rauner (2007), S. 62.
[54] Rauner (2007), S. 58.
[55] In Anl. an Rauner (2007), S. 60; Dreyfus (2004), S. 81.

acquisition which follows, concrete experience plays a paramount role. Rather than adopting the currently accepted Piagetian view that proficiency increases as one moves from the concrete to the abstract, we argue that skill in its minimal form is produced by following abstract formal rules, but that only experience with concrete cases can account for higher levels of performance."[56]

2.1.2. Wissen

Wissen gleicht einem Schichtmodell, das von Zeichen und Zeichenfolgen umfasst wird. Diese werden in Bezug zueinander gesetzt und können als Daten verstanden werden. Folgen den Daten, die in Form von Syntax oder Ordnungsregeln auftauchen, bestimmte Interpretationen oder werden Bezugspunkte hergestellt, gelten sie als Informationen. Werden diese Informationen wiederum vernetzt und verarbeitet, ist aus Sicht von North von Wissen die Rede.[57] Wissen stützt sich dabei auf Daten und Informationen, ist im Gegensatz zu diesen jedoch an Personen gebunden.[58]

Das in expliziter Form vorliegende Wissen wandelt sich durch Anwendung in konkrete Handlungen, die einem bestimmten Kontext zugeordnet werden. Je nach Vorwissen, Fähigkeiten und Kontext wird Wissen unterschiedlich angewendet. Von einem erfahrenen Mitarbeiter (Experten) anders als von einem unerfahrenen (Novize).[59]

Die Anwendung von Wissen wird von Rosenstiel/Erpenbeck als Kompetenz verstanden. Sie entwickelt sich durch Erfahrungen und Lernprozesse weiter. Ihrer Auffassung nach handelt es sich um Kompetenz, wenn Wissen und Fähigkeiten in selbstorganisiertes Handeln münden. Denn Handlungen spiegeln das „(..) aktuelle Wissen, die gegenwärtig vorhandenen Fertigkeiten wider".[60] Kennzeichen von Kompetenz ist überdies die Subjektbezogenheit (Personengebundenheit). Von Krogh und Roos ergänzen das Sichtbarwerden von Kompetenz durch eine konkrete Aufgabe, mit der eine Person konfrontiert wird.[61]

56 Dreyfus/Dreyfus (1980), S. 9.
57 Vgl. North (2011), S. 36 f.
58 Probst/Raub/Romhardt (2012), S. 23.
59 Vgl. North (2011), S. 38.
60 Erpenbeck/Rosenstiel (2007), S. XIX.
61 Krogh/Roos (1996), S. 425: „(..) Pointing out that competence simply means the intersection between a particular task and the knowledge (and skill) of the person or the team doing it, we view competence as an event, rather than an asset. This simply means that competencies do not exist in the way a car does; they exist only when the knowledge (and skill) meet the task."

North zeigt die Zusammenhänge von Daten, Informationen, Wissen und Kompetenzen im Stufenmodell „Wissenstreppe“ auf. Die Wissenstreppe veranschaulicht, dass Wissen erst durch Situationsbezogenheit und Handlungen sichtbar wird. Auf der obersten „Treppe“ werden Organisationen als wissensorientiert eingeordnet. Sie verfügen über die Fähigkeit, ihr Wissen als einzigartige Ressource zu verwenden und für ihre Wettbewerbsfähigkeit zu nutzen.[62]

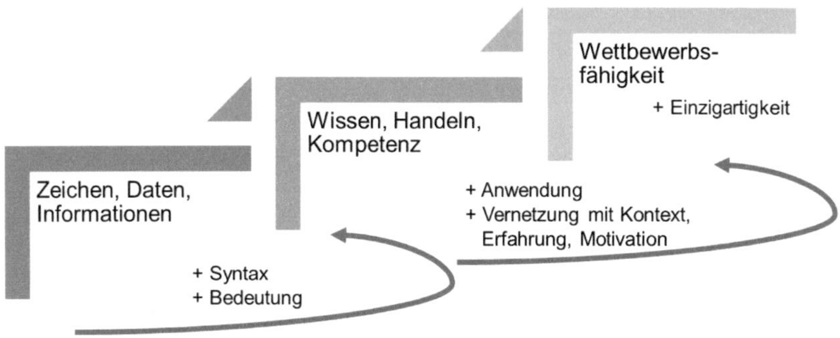

Abbildung 4: Wissenstreppe[63]

Nonaka trennt den Informations- vom Wissensbegriff – ebenfalls durch die personale Komponente: „(..) information is a flow of messages, while knowledge is created and organized by the very flow of information, anchored on the committment and beliefs of its holder.“[64] Auf welche Art und Weise Wissen geschaffen und organisiert wird, hängt auch vom Wissensinhaber ab.

Für den Zeitraum von 1957 bis 2004 ermittelt Gu 2727 Autoren, die zur Wissensmanagement-Forschung beigetragen haben.[65] Der Wissensbegriff kann aus verschiedenen Perspektiven betrachtet werden. Alavi/Leidner verfolgen dies in ihrem Review zu Wissensmanagement und liefern Implikationen für den Umgang mit Wissen[66]. Eine

[62] Penrose (1956), S. 225: „It is largely determined by the internal resources of the firm: the products the firm can successfully produce, the new areas in which it can successfully set up plants, the innovations it can successfully launch, the very ideas of its executives and the opportunities they see, depend as much on the kind of experience, managerial ability and technological know-how already existing within the firm as they do upon external opportunities open to all.“

[63] In Anl. an North (2011), S. 36, 40.

[64] Nonaka (1994), S. 15.

[65] Gu (2004), S. 171 ff.

[66] Vgl. Alavi/Leidner (2001), S. 109 ff.

Ergänzung hierzu geben Nonaka/Peltokorpi.[67] Nach den Autoren können die Perspektiven zwei sich gegenüberstehenden Ansätzen zugeordnet werden: „The differences between positivism (objectivity) and interpretative philosophies (subjectivity) are apparent in their views of knowledge.“[68]

Die objektive Sichtweise begründet den Kodifizierungsansatz[69]. Wissen wird hierbei als Information betrachtet, die durch IT-Systeme systematisiert und zugänglich gemacht wird. Die subjektive Sichtweise bezieht sich dagegen auf personalisierte, interpretative Ansätze. Diese sehen die Quelle von Wissen in Individuen verankert. Geeignete Rahmenbedingungen führen zur Schaffung, Nutzung und dem Transfer von Wissen.[70]

Die vorliegende Arbeit schließt sich den personalisierten Ansätzen an. Dabei bezieht sie sich auf die Perspektive des „Wissens als Prozess“. Wissen wird als fluider Anwendungsprozess („process of applying expertise“) verstanden, in dem Wissen geschaffen, transferiert und verteilt wird.[71] Diese Sichtweise auf Wissen wird aufgrund des untersuchten Phänomens, Erfahrungswissenstransfer im Arbeitsprozess, als geeignet betrachtet. Erfahrungswissen kann in diesem Sinne als fluides, situatives Anwendungswissen verstanden werden, das sich in die jeweiligen Arbeitsprozesse einfügt.

Der Wissensbegriff kann durch weitere Arten und Formen charakterisiert werden. Eine genauere Betrachtung der Wissensarten und -typologien zeigt, warum es trotz oder gerade wegen der digitalen, vernetzten Welt teilweise noch immer eine Schwierigkeit darstellt, Wissen zu transferieren.

Wissensarten und -typologien

Vertreter der subjektiven Sichtweise auf Wissen wie Polanyi oder Nonaka setzen in der Kategorisierung von “kodifiziert und personalisiert” eine tiefergehende Ordnung voraus: “Knowledge that can be expressed in words and numbers only represents the tip of the iceberg of the entire body of possible knowledge.”[72] Damit ist das kodifizierte Wissen nur die Spitze eines verborgenen Wissensberges.

---

[67] Vgl. Nonaka/Peltokorpi (2006), S. 75 ff.
[68] Nonaka/Peltokorpi (2006), S. 75.
[69] Erlach/Orians/Reisach (2013), S. 271 f.: Darunter wird die „Niederlegung von Wissensinhalten in Zeichen, also in Sprache, Text oder Bilder“ verstanden.
[70] Nonaka (1994), S. 18 ff.
[71] Alavi/Leidner (2001), S. 111.
[72] Nonaka (1994), S. 16.

Polanyi klassifiziert Wissen in zwei Teile: 1. Das kodifizierte, explizite Wissen als solches, das übertragbar ist in formale, systematische Sprache. 2. Das implizite, personengebundene, nicht so leicht zu formalisierende Wissen ("Tacit knowledge"[73]). Dieses Wissen kommt vor allem durch Handlungen zum Vorschein: "Tacit knowledge is deeply rooted in action, commitment, and involvement in a specific context."[74] Durch diese Beschreibung wird erneut deutlich, dass das Individuum und der Kontext, also die Situation, beeinflussen, in welcher Weise Wissen angewendet und schließlich transferiert wird. Die folgende Abbildung illustriert die Wissensarten und -typologien.

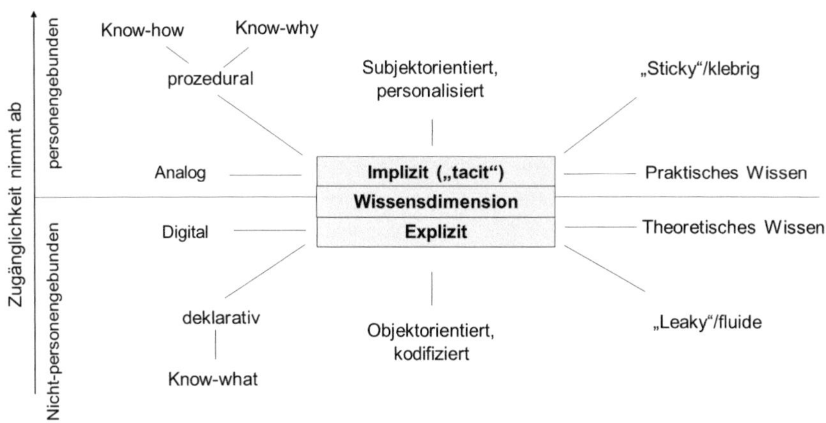

Abbildung 5: Wissensarten und -typologien[75]

Mit zunehmender Implizitheit nimmt die Zugänglichkeit ab. Nach Hippel und Szulanski liegt dies an der Art des Wissens, das als klebrig („**sticky**") beschrieben wird. Das klebrige Wissen ist verinnerlicht und damit schwer „herauszulösen" bzw. zu explizieren. Der Autor Szulanksi führt dies auf die Mehrdeutigkeit („causal ambiguity") zurück.[76] Demgegenüber besitzt das explizite Wissen fließende Anteile (**„leaky")** und ist so leicht zu artikulieren.

Szulanski et al. stützen sich auf eine von Brown/Duguid entworfene Definition des Konzeptes von **„Know-how"** als „(..) action oriented, largely tacit, acquired by doing, and,

[73] Polanyi (1967), S. 313.
[74] Vgl. Nonaka (1994), S. 16.
[75] Die Abbildung illustriert die Eigenschaften und Differenzierungskriterien der gegensätzlichen Wissensdimensionen, die durch die Werke folgender Autoren entstanden sind: Polanyi (1967); Szulanski/Ringov/Jensen (2016); Hippel (1994); Nonaka/Takeuchi (1995); Szulanksi (1996);North (2011)
[76] Szulanksi (1996), S. 30 ff.

as such, hard to circulate and needing to be developed individually through actual practice and experience."[77] **Prozedurales Wissen** weist hohe, unsichtbare Wissensanteile auf, die durch die Anwendung sichtbar und mittels praktischer Erfahrungen erworben und weiterentwickelt werden können.

Werden die vorhergehenden Ausführungen auf den demografischen Wandel und die damit verbundene Frage der Sicherung des Wissens erfahrener Fachkräfte übertragen, wird zum einen deutlich, dass Experten über erfahrungsbasiertes Wissen verfügen, das sie zumeist unbewusst zur Aufgaben- und Problemlösung einsetzen. Zum anderen zeigen die Erläuterungen, dass sich die wissenschaftliche Community seit mehr als 60 Jahren mit dem Begriff und den Eigenschaften von implizitem Wissen und seiner Transferierbarkeit beschäftigt.

Im Folgenden werden Wissen und Erfahrung zum Begriff des Erfahrungswissens zusammengeführt. Hierzu werden zwei Konzepte vorgestellt, die diese Wissensart durch geeignete Dimensionen erfassen.

2.1.3. Erfahrungswissen

Nach dem traditionellen Verständnis gleicht Erfahrungswissen einem Erfahrungsschatz, der Auskunft darüber gibt, wie etwas gemacht wird. Dieser Erfahrungsschatz kumuliert vergangene Ereignisse und Erfahrungen und liefert die Grundlage für die Lösung von Aufgaben im Kontext der Arbeit.[78] Das Herausbilden erfolgreicher und zumeist ähnlicher Handlungsstrategien impliziert ein gewisses Routineverständnis. Daher haftet dieser Wissensart die Eigenschaft an, möglicherweise nicht innovativ und dynamisch zu sein.[79] Viele Forschungsprojekte untersuchten die Innovationsfähigkeit und Wandelbarkeit von Erfahrungswissen in Abhängigkeit spezifischer Anforderungen.[80] Die Ergebnisse zeigen, dass das durch Erfahrung und permanente Ausüben erworbene Wissen dem Erfahrungsträger eine enorme Handlungssicherheit und -qualität verschafft. Gerade in Situationen, die durch Komplexität und Unsicherheit geprägt sind, wird auf den Erfahrungsschatz zugegriffen.[81]

[77] Szulanski/Ringov/Jensen (2016), S. 307 mit Bezug auf Brown/Duguid (1991), S. 40 ff.
[78] Vgl. Böhle (2005), S. 10 f.
[79] Böhle (2005), S. 11.
[80] Heidling et al. (2015); Langhoff/Bornewasser/Heidling (2015); Pfeiffer/Suphan (2015a); Pfeiffer (1999); Böhle/Milkau (1988); Sevsay-Tegethoff (2007)
[81] Plath (2002), S. 523 f.

Humpl und Porschen verstehen Erfahrungswissen als dynamisch veränderbares Vermögen, das durch neue Erfahrungen (siehe Erfahrungslernen) neue Strukturen bildet oder Verknüpfungen zu bestehenden Erfahrungen herstellt.[82] Dies verdeutlicht, dass eben nicht immer Routineabläufe zur Lösung von Aufgaben eingesetzt werden, sondern die Handlungsstrategien verfeinert und situativ angepasst werden.

Erfahrungswissen verbindet implizite und explizite Wissensanteile und wird situativ im Arbeitsprozess erworben.[83] Rauner verdeutlicht den fließenden Übergang zwischen kontextbezogenem, implizitem sowie kontextfreiem, theoretischem Wissen, das im Anwendungsprozess der Arbeit aufeinandertrifft.

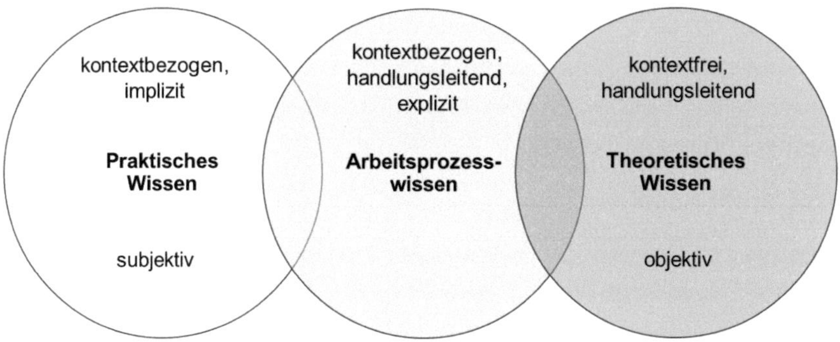

Abbildung 6: Arbeitsprozesswissen[84]

Fischer verdeutlicht, dass Arbeitsprozesswissen auch Wissen zur Bewältigung der einzelnen Arbeitsaufgabe bedeute und zugleich über die gegebene Aufgabe hinausweise. Es enthalte das Wort „Prozess“, was eine dynamische Komponente darstellt. Denn ergeben sich Änderungen im Arbeits*prozess*, muss auf diese unverzüglich reagiert werden. „Es ist somit die Störung, das unvorhergesehene Ereignis, die neuartige Problemstellung der genuine Ausgangspunkt der Aktivierung und Aneignung von Arbeitsprozesswissen.“[85]

Die Sichtweise auf Erfahrungswissen veränderte sich nach Böhle dahingehend, als dass „(..) wissenschaftlich systematisiertes Fachwissen nicht unmittelbar in praktisches Handeln umsetzbar ist, sondern hierfür zusätzlich ein besonderes Wissen über

---

82 Porschen (2008), S. 78 mit Bezug auf Humpl (2004), S. 83.
83 Plath (2002), S. 517; Böhle/Milkau (1988), S. 16, 39.
84 Rauner (2007), S. 62.
85 Fischer (2013), S. 122.

die jeweiligen konkreten Gegebenheiten und Anwendungszusammenhänge notwendig ist. Dieses Wissen (..) muss eigenständig generiert und erworben werden."[86]

Nach der Analyse der wissenschaftlichen Arbeiten zur Begriffsbestimmung von **Erfahrungswissen** entscheidet sich die vorliegende Arbeit für die folgende **Definition**:

> *Erfahrungswissen besteht aus Wissens-, Entscheidungs- und Handlungsprozessen. Es speist sich aus expliziten und impliziten Wissensdimensionen und ist in soziale Kontexte eingebettet. Es entsteht situativ im Arbeitsprozess durch wiederholtes Erleben und Handeln in herausfordernden Situationen sowie durch Interaktion mit anderen Personen. Wissensträger haben unausgesprochene Regeln und Vorstellungen über Handlungsweisen verinnerlicht. Das Wissen unterstützt die Person, neue, ungeplante Situationen zu bewerten und Lösungen und Entscheidungen abzuleiten.*[87]

Die Definition stellt eine Zusammenführung drei wichtiger Aspekte dar, welche die Autoren zur Erklärung dieses Begriffes aufführen. Es handelt sich um Praxiswissen, das durch die Praxis erworben und in der Praxis angewendet wird. Mit Praxis ist im Kontext der vorliegenden Arbeit der Arbeitsprozess gemeint. Zweitens stecken im Erfahrungswissen große Anteile impliziten Wissens, die sich nur schwer externalisieren lassen. Drittens impliziert Erfahrung etwas, das schon einmal erlebt wurde. Tauchen ungeplante, neue Anforderungen auf, können diese mit den bisherigen Erfahrungen abgeglichen und mit Hilfe dieser neuen Handlungsstrategien entwickelt werden.

2.1.4. Erklärungsansätze zu Erfahrungswissen

Die folgenden zwei Ansätze **„Subjektivierendes Arbeitshandeln"** und **„Deep Smarts"** analysieren das Phänomen Erfahrungswissen und entwickeln dabei Dimensionen und Indikatoren zur näheren Bestimmung. Der hohe Detailgrad der Analysen liefert Hinweise zur Wirkungsweise von Erfahrungswissen bei der Bewältigung von Arbeitsaufgaben. Zudem zeigen beide Erklärungsansätze, dass Erfahrungswissen zwei gegensätzliche Eigenschaften besitzt: Es funktioniert theoriegeleitet, „kopfgesteuert" und zur gleichen Zeit intuitiv und „körperlich".

[86] Böhle (2005), S. 11.

[87] Zur Definition des Begriffs Erfahrungswissen siehe auch: Böhle/Milkau (1988);Staudt/Kriegesmann (2000); Pfeiffer/Suphan (2015b); Pfeiffer (2007); Porschen (2008); Nonaka/Krogh (2009); Plath (2002); Böhle (2005); Erlach/Orians/Reisach (2013)

2.1.4.1. Subjektivierendes Arbeitshandeln

Der Ansatz des subjektivierenden Arbeitshandelns erklärt Verhaltensweisen im Arbeitsprozess, die sich von dem objektiven, planmäßigen Ausführen von Aufgaben unterscheiden. Es sind solche, die sich als „Gespür für eine Sache", „Das Erahnen von Störungen" oder „Der richtige Riecher beim Lösen von Problemen" beschreiben lassen.[88] Pfeiffer/Suphan betonen die Notwendigkeit, den Menschen mit allen Sinnen bei der Arbeit zu sehen: „Nicht nur Verstand und Logik helfen, in (zeit)kritischen Situationen die richtige Entscheidung zu treffen, sondern auch Intuition, Bauchgefühl und Emotion. (..) der Körper weiß und spürt, bemerkt und ertastet, merkt sich Abläufe".[89]

Plath beschreibt das Zusammenspiel der objektiv-logischen mit den subjektiv-gefühlsorientierten Anteilen des Erfahrungswissens sowie die „(..) Rückbindungen zwischen dem realen Geschehen, den informationshaltigen Signalen dieses Geschehens, deren kognitiv-emotionaler Verarbeitung und der Tätigkeitsausführung" als eine enorme Handlungsökonomie und Handlungssicherheit für den Wissensträger.[90]

Böhle zeichnet eine Verbindung zwischen dem erfahrungsgeleiteten Arbeitshandeln und dem angelsächsisch geprägten Begriff „tacit knowledge" (siehe Abschnitt 2.1.2 Wissen). Beiden Begriffen ist gemein, dass sie implizit vorhanden sind, d.h. von außen nicht sichtbar sind, jedoch Fähigkeiten und Handlungen in hohem Maße beeinflussen.[91]

Mit zahlreichen, empirischen Befunden entwickeln Böhle/Milkau und Böhle/Rose das Konzept des erfahrungsgeleiteten bzw. subjektivierenden Arbeitshandelns[92], das den subjektiven Erfahrungsbegriff durch eine gegensätzliche Beschreibung, nämlich objektive Anteile des Handelns, ergänzt. Daran anschließende empirische Untersuchungen zeigen, dass sich die Ausübung anspruchsvoller, technisch-physischer und geistiger Tätigkeiten entlang der vier Dimensionen „Vorgehen, Denken, Sinnliche Wahrnehmung und Beziehung" beschreiben lassen.[93] Die nächste Tabelle zeigt die vier Dimensionen und die zwei unterschiedlichen Handlungsweisen subjektiv und objektiv, die jeweils zu einer Dimension zählen und das Arbeitshandeln beeinflussen.

---

88 Böhle (2005), S. 11.
89 Pfeiffer/Suphan (2015b), S. 13 f.
90 Plath (2002), S. 520.
91 Böhle (2005), S. 11.
92 Böhle/Milkau (1988), S. 13 ff.; Böhle/Rose (1992), S. 89.
93 Vgl. Pfeiffer/Suphan (2015a), S. 14 mit Bezug auf empirische Befunde der folgenden Berufsfelder:

Tabelle 1: Dimensionen des Arbeitshandelns[94]

Dimension	Objektivierendes Handeln	Subjektivierendes Handeln
Vorgehen	planmäßiges Vorgehen, Trennung von Planung und Ausführung	dialogisch exploratives Vorgehen, „Trial-and-Error“
Denken	formalisiertes, kategoriales Wissen, logisch-analytisches Denken	assoziativ, wahrnehmungsgeleitet, verhaltens- und erlebnisbezogen
Sinnliche Wahrnehmung	exakt, objektives Denken	komplexe Wahrnehmung, Sinnes-Empfinden, Gefühle, Vorstellungskraft
Beziehung	distanziert, sachlich, neutral	persönlich, nah
Wissen	explizit	implizit

Das **Vorgehen** erfolgt im subjektivierenden Handlungsmodus explorativ und dialogisch-interaktiv. Dabei werden Arbeitsschritte nicht nacheinander „abgearbeitet“, sondern vielmehr richtet der Erfahrungsträger seine Handlungen nach jedem einzelnen Arbeitsschritt neu aus und stellt sich dabei auf das Gegenüber (Mensch oder Maschine) ein.[95]

Im Arbeitsgeschehen findet das „**Denken**“ assoziativ und wahrnehmungsgeleitet statt. Das heißt, konkrete Gegebenheiten werden als Bild oder Ablauf abgespeichert. Verstärkt werden können diese Inhalte noch durch akustische Signale, Gerüche oder haptischen Erfahrungen, z.B. mit einem Bauteil. Tritt eine neue Situation auf, wird diese mit bestehenden Erlebnissen abgeglichen, übereinandergelegt und verdichtet.[96]

Unter **sinnliche Wahrnehmung** werden Empfindungen verstanden, die „(..) sich nicht nur auf exakte, eindeutig definierbare und messbare Informationen, sondern ebenso auf eher diffuse und vielschichtige Informationsquellen wie beispielsweise Geräusche oder Farbveränderungen beziehen. Die sinnlichen Wahrnehmungen werden dabei in körperbezogene Empfindungen umgesetzt und in dieser Weise interpretiert.“[97]

Unter **Beziehung** wird das Verständnis subsumiert, dass Maschinen, Systeme oder Prozesse ein Eigenleben zugeschrieben wird. Ein Beispiel wäre ein CNC-Maschinenbediener, der zu seiner Maschine eine Beziehung aufgebaut hat, wie zu seinem menschlichen Kollegen.

Werkzeugmaschinen (Böhle/Milkau (1988), Informationsbroking (Pfeiffer 1999), Planungs- und Ingenieurtätigkeiten (Porschen 2002), Wissens- und Projektmanagement (Pfeiffer/Sauer/Ritter 2014).

94 In Anl. an Böhle (2005), S. 12 und Porschen (2008), S. 76.

95 Die folgenden Erläuterungen beziehen sich auf Böhle (2005), S. 12 f.

96 Vgl. Böhle (2005), S. 12

97 Böhle (2005), S. 12.

„Newly graduated engineers know their physics, but they may have no sense of what a vibration, unexpected heat, or tool chatter might signify.“[105] Berufseinsteiger hätten Bewusstsein über die Theorie Zuständen oder Prozessen, allerdings fehle ihnen die Bedeutungszuordnung im Umgang mit unerwarteten Einflüssen, wie z.B. Hitze oder Störgeräusche.

2.1.4.3. Limitierung der Erklärungsansätze

Beide Ansätze zu Erfahrungswissen haben Limitierungen, die bei der Übertragung auf einen abweichenden Untersuchungsgegenstand (z.B. eine andere Unternehmensstruktur oder Beschäftigtengruppe) zu berücksichtigen sind.

Lepak kritisiert die Zielgruppe, welche die Autoren Leonard et al. zur Untersuchung von Deep Smarts herangezogen haben. Hier würden vorrangig Manager und hierarchisch höhere Positionen befragt, deren Rotation von Berufswegen schon vorgegeben sei und daher eine tiefe Aneignung von Fachwissen, wie bspw. bei langjährigen Mitarbeitern aus dem Produktionsbereich, fragwürdig sei. Zudem fokussiere das empirische Material auf "Internet-Firmen", daher stellt Lepak die Übertragbarkeit auf größere, produzierende Unternehmen infrage.[106]

Eine weitere Kritik bringt Kahnemann an. Erfahrungswissen besäße ein hohes Routineverhalten. Denn aufgrund der sensitiven und intuitiven Eigenschaft, Situationen aufgrund bekannter Muster und eigener Praxiserfahrungen schnell zu erfassen, Komplexität zu reduzieren und Problemlösung herbeizuführen, würden sich dennoch Fehler in der Wahrnehmung und den Verhaltensweisen einschleichen. Wenn eine Aufgabe zudem unvorhersehbar oder chaotisch sei, so würde Erfahrung nicht dazu beitragen, die Vorhersagefähigkeit zu erhöhen: „Political scientists who make long-term forecasts operate in a zero-validity environment“[107].

Die vorliegende Arbeit zeigt, dass die vorgestellten Erklärungsansätze zu Erfahrungswissen auch im Kontext produzierender Unternehmen, insbesondere der Produktionsplanung gültig sind und bereits gemachte Erfahrungen einen entscheidenden Einfluss auf die Vorhersagegüte besitzen.

[105] Leonard/Swap/Barton (2015), S. 35 f.
[106] Vgl. Lepak (2005), S. 330.
[107] Kahneman (2013), S. 240.

2.2. Erfahrungswissenstransfer

In den folgenden Abschnitten wird herausgearbeitet, welche Möglichkeiten sich für den Erfahrungswissenstransfer bieten. Erfahrungswissen wird in praktischen Handlungsweisen sichtbar, z.B. bei einer Problemlösung. Durch geeignete Situationen, Methoden oder Rahmenbedingungen kann es expliziert werden.

Für das personengebundene, implizite Erfahrungswissen bieten sich personalisierte Wissenstransferansätze an. Daher werden Wissensprozesse vorgestellt, bei welchen Wissen von einer Person zu einer anderen übertragen wird.

2.2.1. Modell zur Wissensumwandlung

Nonaka entwickelte in den 90iger Jahren mit weiteren Autoren das SECI-Modell als Erklärungsmodell für die intraorganisationalen Schaffung, Nutzung und den Transfer von implizitem Wissen. Das Modell eignet sich auch zur Erklärung von Erfahrungswissenstransfer, da es Prozesse der Wissensumwandlung („knowledge conversion") beschreibt, die sich auf implizite und explizite Wissensanteile beziehen. Nach Nonaka liegt das zentrale Schlüsselkriterium in den Mobilisierungsprozessen, die zur Umwandlung von explizitem zu implizitem Wissen führen. Unterstützt wird dieser Prozess durch den Austausch von Wissen, Meinungen, Ideen oder Erfahrungen.[108]

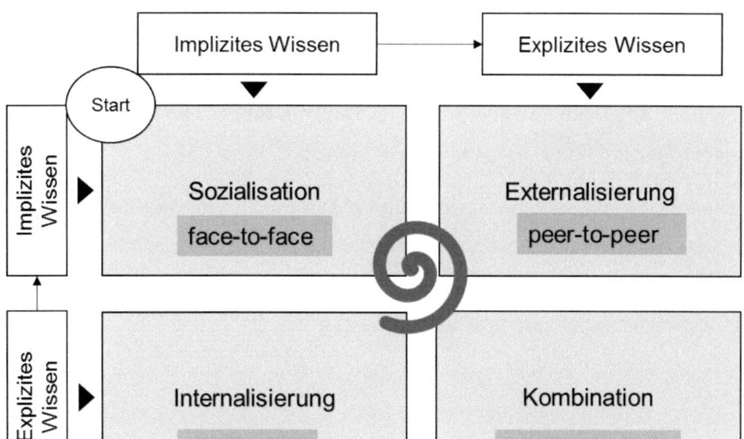

Abbildung 7: SECI Modell zur Wissensumwandlung[109]

[108] Nonaka (1994), S. 15 ff.; Nonaka/Takeuchi (2012), S. 72 f.
[109] In Anl. an Nonaka/Konno (1998), S. 46, Nonaka/Takeuchi (2012), S. 79 und Nonaka (1994), S. 19.

Das Modell besteht aus vier Phasen: Sozialisation, Externalisierung, Kombination und Internalisierung. Die folgende Abbildung veranschaulicht den Prozess der Wissensumwandlung.

Unter **Sozialisation** wird der implizite Erfahrungsaustausch zwischen Individuen verstanden. In diesem entstehen mentale Modelle und technische Fertigkeiten. Durch das Zusammenarbeiten entwickeln Personen mentale Modelle und Analogien, Schemata, Paradigmen oder Glaubenssätze, die sie dabei unterstützen, ihr Umfeld und ihre Lebenswelt zu definieren.[110] „Den Schlüssel zum Erwerb von implizitem Wissen bildet die Erfahrung. Ohne eine Form gemeinsamer Erfahrung ist es äußerst schwer, sich in die Denkweise des anderen hineinzuversetzen."[111] **Methoden** für die Sozialisationsphase sind bspw. **Brainstorming-Camps**: Schwierige Problemstellungen werden außerhalb der Arbeit an einem Tagungsort mit Mitarbeitern, losgelöst von Qualifikations- und Statushintergrund, besprochen. Die Regel lautet: Keine Kritik ohne konstruktiven Verbesserungsvorschlag.[112]

In der **Externalisierungsphase** wir implizites Wissen zu explizitem. Diese Phase funktioniert durch die Kommunikation von Analogien und Metaphern. „Metaphern erzeugen eine Erfahrungsinterpretation, indem sie den Zuhörer auffordern, eine Sache im Sinne einer anderen zu betrachten und führen so zu einer neuen Realitätserfahrung."[113]

Die **Kombinationsphase** systematisiert explizite Wissensinhalte, z.B. durch Dokumente, Besprechungen oder IT-Datenbanken. „Combination is the conversion of explicit knowledge into more complex sets of explicit knowledge. Key issues are communication and diffusion processes and the systemization of knowledge."[114]

Die Phase der Eingliederung von explizitem Wissen in die impliziten Organisationsprozesse, wird als **Internalisierungsphase** bezeichnet. Das explizite Wissen wird verinnerlicht in Handlungen der Praxis. Tangiert sein können Konzepte, Methoden, Taktiken, Innovationen oder Verbesserungsprozesse.[115]

Den Ausgangspunkt der Wissenskreierung tauft Nonaka „Ba" (japanisch für Ort). Ba stellt einen Erfahrungsraum dar, der Individuen den Austausch und die Schaffung von

[110] Vgl. Nonaka (1994), S. 16.
[111] Nonaka/Takeuchi (2012), S. 80.
[112] Vgl. Nonaka/Takeuchi (2012), S. 80.
[113] Nonaka/Takeuchi (2012), S. 84 f. mit Bezug auf Donnellon/Gray/Bougon (1986), S. 48 ff.
[114] Nonaka/Konno (1998), S. 44 f.
[115] Vgl. Nonaka/Konno (1998), S. 45.

Wissen ermöglicht: „Ba (is) a shared space for emerging relationships (between individuals, working groups, project teams, informal circles, temporary meetings) and (...) a shared space that serves as a foundation for knowledge creation."[116]

Als wichtigste Phase für den Transfer von implizitem Wissen gilt nach Nonaka/Konno die dialogorientierte Externalisierung, in der auf die richtige Zusammensetzung von Wissensträgern ankommt: „(..) selecting people with the right mix of specific knowledge and capabilities for a project team, taskforce or cross-functional team is critical. Through dialogue, individual´s mental models and skills are converted into common terms and concepts. (..). Dialogue is key for such conversations and the extensive use of metaphors".[117] Durch den Dialog wird es Personen möglich, ihre mentalen Modelle und Fähigkeiten in allgemein verständliche Konzepte oder Begrifflichkeiten zu übersetzen. Gemäß Nonaka wird der Externalisierung in der Forschung bislang zu wenig Beachtung geschenkt.

Für den Transfer von Erfahrungswissen kann aus dem SECI Modell abgeleitet werden, dass der Austausch zwischen Personen eine wichtige Voraussetzung für die implizite Wissensumwandlung darstellt. Analogien oder Metaphern unterstützen diesen Prozess. Damit der Austausch stattfinden kann, spielen Austauschplattformen eine wichtige Rolle. Sie gelten als Ort („Ba") der Wissensumwandlung und tauchen als Besprechung, Projekt-Gruppe oder informale Abstimmung auf.

Der Wissenstransfer kann dann als *Prozess* verstanden werden, „wenn es sich um einen über eine gewisse Zeit erstreckenden Vorgang handelt, bei dem etwas entsteht oder sich herausbildet."[118] Für die vorliegende Arbeit eignet sich die Prozessbetrachtung, da Erfahrungswissen durch den Transfer sukzessive weitergegeben und weiterentwickelt wird. Kern des nächsten Abschnittes ist daher der Wissenstransferprozess.

2.2.2. Wissenstransferprozess

Szulanski, der sich seit über 30 Jahren mit Wissenstransferprozessen zwischen Individuen befasst, verwendet das Sender-Empfänger-Modell als Erklärung für Wissenstransfer. Sein Fokus liegt ebenfalls auf dem Transfer der impliziten Wissensinhalte.

Für den Autor liefert dieses Modell Antworten darauf, wie erfolgreiche Handlungsstrategien „Best Practices", die implizit vorhanden sind, durch den Austausch zwischen

[116] Nonaka/Konno (1998), S. 40.
[117] Nonaka/Konno (1998), S. 47.
[118] Duden online (2017), URL siehe Literaturverzeichnis.

einer Wissensquelle (Person A) und einem Wissensempfänger (Person B) weitergegeben werden. In Anlehnung an Kogut/Zander sind Best Practices: „(..) the organization's routine use of knowledge and often has a tacit component, embedded partly in individual skills and partly in collaborative social arrangements".[119] Sie sind teilweise in individuellen Fähigkeiten und teilweise in Zusammenarbeitsformen verwurzelt.

Damit der Wissenstransfer erfolgreich funktioniert, ist gemäß Szulanksi die Persönlichkeit des „Empfangenden" ausschlaggebend.[120] Erlach et al. ergänzen, dass das Verhältnis und das Verständnis zwischen Wissensquelle und Wissensempfänger eine besondere Rolle spielten. Dies würde erst durch eine gemeinsame Basis erreicht.[121]

Für die Erläuterung des Wissenstransferprozesses bezieht sich Szulanksi auf das Kommunikationsmodell („Conduit Model") von Boland/Tenkasi[122]. Im Kommunikationsprozess werden Nachrichten von einer Wissensquelle („Source") zu einem Wissensempfänger („Recipient") gesendet. Dieser nimmt und verarbeitet das Wissen. Hierbei kann es zu Kommunikationsschwierigkeiten kommen. Boland/Tenkasi sprechen hier von einem „transmission channel with a limited channel capacity"[123]. Dies bedeutet, dass nicht alle Informationen, Kontexte und Erfahrungen vom Wissensempfänger aufgenommen werden können.

Je höher die Transferkapazität der Kommunikation, desto mehr Informationen können in kurzer Zeit erfolgreich übertragen werden. Je höher allerdings auch die Ambiguität, also die Mehrdeutigkeit von Wissen ist, desto reichhaltiger und länger sollte ein Wissenstransfer anhalten, um das Verständnis der erhaltenen Information zu erhöhen.[124]

Der Wissenstransfer funktioniert nach Szulanksi vor allem durch Erklärungen und Handlungen der Wissensquelle sowie durch die Beobachtung und Nachahmung des Wissensempfängers. Wilkesmann beschreibt dies als Lehr- und Lernprozess. In Frage stellt der Autor den Erfolg der Wissensübertragung aus Sicht des Empfangenden: "Der

---

[119] Szulanksi (1996), S. 28; Kogut/Zander (1992), S. 387: „Know-how, like procedural knowledge, is a description of what defines current practice inside a firm. The know-how is the understanding of how to organize a firm along these formal and informal lines. It is in the regularity of the structuring of work and of the interactions of employees conforming to explicit or implicit recipes that one finds the content of the firm's know-how."

[120] Vgl. Szulanksi (1996), S. 28; Empirische Grundlage ist eine Studie, die sich mit dem Fluss von Wissen im Wissenstransfer beschäftigt und dazu 271 Beobachtungen von 122 „best-practice transfers" in acht Unternehmen durchführte.

[121] Erlach/Orians/Reisach (2013), S. 9.

[122] Boland/Tenkasi (1993), S. 6 ff.

[123] Boland/Tenkasi (1993), S. 6.

[124] Vgl. Szulanski/Ringov/Jensen (2016), S. 305.

Begriff des Transfers berücksichtigt nicht den verlustfreien Transfer, vielmehr muss die empfangende Einheit die Information in eigene Wissenskontexte einordnen."[125]

Nach Szulanksi beinhaltet der Wissenstransferprozess vier Phasen: Initiierung, Implementierung, Anlauf und Integration. Die nächste Abbildung veranschaulicht dies.

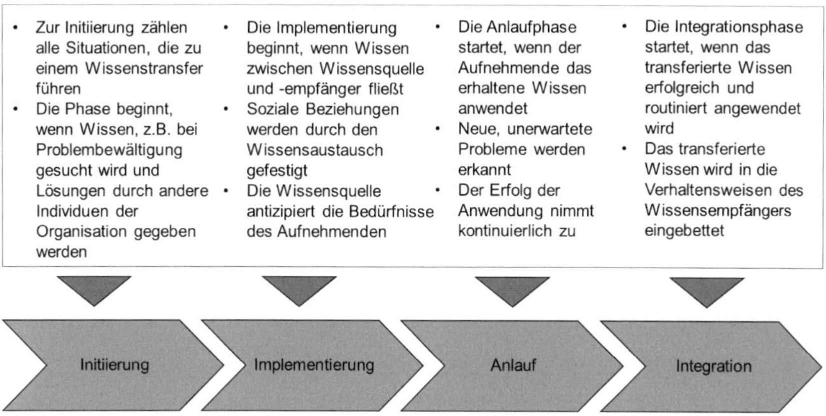

Abbildung 8: Vier Stufen des Wissenstransferprozesses[126]

Der Prozess zeigt, dass sich der Austausch von Wissen stetig weiterentwickelt. Zum einen nehmen die Häufigkeit der Kommunikation und dadurch die Güte der ausgetauschten Inhalte zu. Zum anderen entwickelt sich das Wissen des Wissensempfängers weiter und wird verinnerlicht.

Im Wissensaustausch wirken Einflussfaktoren, die den Transfer erschweren. Hierunter fallen nach Szulanksi die Mehrdeutigkeit von Wissen ("causal ambiguity"), Motivationsschwierigkeiten des Wissensgebers („Lack of Motivation"), Aufnahmeschwierigkeiten des Wissensnehmers ("Lack of absorptive capacity") sowie hinderliche Kontexte, z.B. organisatorische Strukturen.[127]

Als begünstigende Rahmenbedingungen für Wissenstransfer gelten die Interaktion, die wechselseitige Kommunikation, die Beobachtung sowie die Praxiserfahrung.[128] Hierdurch entfalten Wissensempfänger und -quelle ein besseres Verständnis über

[125] Wilkesmann/Virgillito/Wilkesmann (2009), S. 7.
[126] In Anl. an Szulanksi (1996), S. 28 f.
[127] Szulanksi (1996), S. 30 ff.
[128] Szulanski/Ringov/Jensen (2016), S. 308.

Wissensinhalte, festigten ihre Beziehung und gelangten daher schneller an den Wissenskern. Dadurch bestehe wiederum mehr Gelegenheit, implizites Wissen zu übertragen.[129]

Neben den Faktoren, die sich auf die Kommunikation von Wissensquelle und -empfänger beziehen, beeinflussen weitere Rahmenbedingungen den Wissenstransfer.

2.2.3. Einflussfaktoren auf Wissenstransfer

Um weitere Einflussfaktoren auf den Wissenstransfer zu identifizieren, wurde die Literatur nach Faktoren, die sich auf die impliziten, also die schwer zu verbalisierenden Wissensanteile beziehen, untersucht. In die Literarturrecherche ist auch die Metastudie von Manus et al.[130] eingeflossen, welche die bisherigen Forschungsresultate zu Einflussfaktoren auf impliziten Wissenstransfer zusammengefasst hat.

Die Einflussfaktoren können drei Kategorien zugeordnet werden: 1. individuell, 2. organisatorisch-strukturell und 3. kulturell. Folgende Abbildung zeigt die bekanntesten Einflussfaktoren auf impliziten Wissenstransfer.

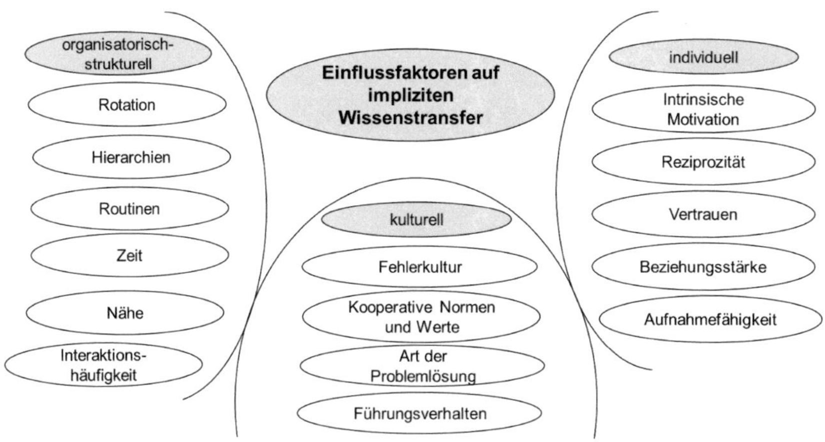

Abbildung 9: Einflussfaktoren auf impliziten Wissenstransfer[131]

[129] Vgl. Szulanski/Ringov/Jensen (2016), S. 308.
[130] Manus et al. (2016) ,Table 1.
[131] Die Abbildung illustriert die Einflussfaktoren, die in den Werken der folgenden Autoren nachgelesen werden können: Long/Fahey (2000); Calder/Staw (1975); Cohen/Bradford (1991); Cabrera/Cabrera (2005); Renzl (2008); Hansen (1999); Szulanksi (1996); Almeida/Kogut (1999); Argote/McEvily/Reagans (2003); Zellmer-Bruhn (2003); Wilkesmann/Virgillito/Wilkesmann (2009).

Die **individuellen Einflussfaktoren** beziehen sich auf die vorherig erläuterten Komponenten „Wissensquelle" und „Wissensempfänger" im Wissenstransferprozess. Reziprozität, Beziehungsstärke, Vertrauen und Motivation beeinflussen, ob die Wissensquelle ihr Wissen weitergeben und ob der Wissensempfänger das Wissen aufnehmen möchte. Die Aufnahmefähigkeit besagt ob und wie der Wissensempfänger die gezeigten oder gesagten Inhalte versteht und in seine Kontexte einbettet.

Kulturelle Faktoren beeinflussen das Wissenstransferverhalten und somit den Wissenstransfer in Unternehmen. Die Unternehmenskultur wird definiert als ein System grundlegender Überzeugungen mit Werten und Normen, die das Verhalten der Beschäftigten beeinflussen.[132] Sie formt das Selbstverständnis, wie Mitarbeiter sich in der Zusammenarbeit verhalten. Für den Wissenstransfer wird eine kooperative Kultur als förderlich betrachtet, die sich in einer offenen Fehler-Kultur zeigt.

Organisatorisch-strukturelle Einflussfaktoren tangieren das Zusammenarbeiten und eröffnen mehr oder weniger stattfindende Gelegenheiten für Wissenstransfer. Die Autorin Porschen subsumiert unter strukturellen Faktoren Voraussetzungen und Möglichkeiten, die durch die Organisation geschaffen werden und die Wissensträger dazu ermuntern Erfahrungen einzubringen oder zurückzuhalten.[133] Die vorliegende Arbeit fokussiert sich auf Einflussfaktoren der organisatorisch-strukturellen Ebene, die im Folgenden als **Rahmenbedingungen** bezeichnet werden. Sie wiederum prägen die Zusammenarbeit.

Neben den vorgestellten Kommunikationsprozessen, die bei dem Wissenstransfer von Personen stattfinden, wurden sogenannte Wissenstransfermethoden entwickelt, die diese Prozesse unterstützen sollen. Inwiefern sich diese für Erfahrungswissenstransfer eignen, ist Gegenstand des nächsten Abschnitts.

2.2.4. Wissenstransfermethoden

Wissenstransfermethoden können als individualisierte Ansätze verstanden werden, die Wissensträger dabei unterstützen, die Bedeutung von Wissensinhalten im sozialen Austausch auszuhandeln. „Dementsprechend stehen offene Dialoge und Reflexionsprozesse über die Bedeutung „hinter den Worten" bei diesen Methoden im Vordergrund."[134] Erlach et al. untersuchten Wissenstransfermethoden, die sich für den

[132] Erlach/Orians/Reisach (2013), S. 247 mit Bezug auf Schein (2010), S. 24.
[133] Vgl. Porschen (2008), S. 81 f.
[134] Erlach/Orians/Reisach (2013), S. 147.

Wissenstransfer zwischen erfahrenen Fachexperten und neuen Mitarbeitern eignen. Um an das Erfahrungswissen dieser Wissensträger zu gelangen, bewerten die Autoren diejenigen Methoden als positiv, die eine offene, dialogorientierte Gesprächssituation zulassen. Zudem halten die Autoren die Dokumentation und eine strukturierte Kategorisierung des „abgefragten" Wissens für bedeutsam. In der Praxis, so die Aussage der Autoren, sei das Erfolgsrezept eines erfolgreichen Wissenstransfers die Synthese von Dialog, Wissenskategorien und Dokumentation. Allerdings böten nicht alle Ansätze diesen Dreiklang, daher sehen sie Entwicklungsbedarf für die Wissenstransfermethoden.[135]

Die folgende Tabelle zeigt eine Übersicht von Methoden für den Wissenstransfer sowie übliche Einsatzorte und Situationen im Unternehmenskontext. Zudem wird eine Bewertung hinsichtlich der Relevanz für Erfahrungswissen vorgenommen. Zur Bewertung der Relevanz werden die qualitativen Werte hoch, mittel und niedrig verwendet. Die Methoden können jeweils durch Tools oder Instrumente unterstützt werden. Hierzu zählen bspw. die Wissenslandkarte oder der Wissensbaum als visuelles Tool, die Story Telling Methode als narrative Technik sowie Kurzfilme oder Computersimulationen als animierte Unterstützung.[136]

Die Bewertung hinsichtlich der Relevanz für Erfahrungswissenstransfer stützt sich darauf, dass umso implizitere Erfahrungswissensanteile ausgetauscht werden, je mehr Zeit und Interaktion für Wissensgeber und Wissensnehmer gegeben ist und je näher der Transfer am Arbeitsprozess, z.B. der Diskussion von Problemen, stattfindet. Die meisten Transfermethoden sind kurzfristig angelegt, wodurch eine typische Arbeitssituation nicht nachempfunden werden kann.

Nachteilig erscheinen Methoden, die das Hinzuziehen eines Moderators beinhalten. Bei der Durchführung solcher Methoden, die oftmals formal durch Checklisten oder Protokolle unterstützt werden, wird ein spontaner Austausch zu einem konkreten Problem beim Arbeiten möglicherweise unterdrückt. Die Durchführung der Methode findet gewissermaßen unter einer „Abschottung" vom tatsächlichen Arbeitsalltag statt. Zudem beinhalten die Methoden zumeist nachfolgende Maßnahmen, die wiederum dokumentiert und nachgehalten werden müssen.

---

135 Erlach/Orians/Reisach (2013), S. 146 f.

136 Vgl. Erlach/Orians/Reisach (2013), S. 136 ff.

Tabelle 3: Wissenstransfermethoden[137]

Methode	**Beschreibung**	**Einsatz**	**Relevanz für Transfer von Erfahrungswissen**
			hoch, mittel, niedrig
Übergabegespräche	Informationen werden in kurzer Zeit weitergegeben, z.B. beim Schichtwechsel	Im Arbeitsprozess	niedrig
Expert Debriefing/ Lessons Learned	Strukturierte Wissensübergabe und Reflektion zu einem Projekt oder Team mit Maßnahmenableitung	Im Arbeitsprozess (punktuell)	mittel
Triadengespräch/ Wissensstafette	Zeitlich und räumlich begrenzte Übergabegespräche zwischen Moderator, Experte und Novize	Weggang	mittel
Transfer Stories	Durch mehrstündige Interviews mit Experten werden Wissensstrukturen aufgedeckt und kontextreich in Form von Erfahrungsgeschichten dokumentiert	Im Arbeitsprozess und bei Weggang	hoch
Story Telling/ Erfahrungsgeschichten	Mehrere Workshops mit Feedbackorientiertem Dialog (durch Wissensnehmer), in welchen Geschichten erzählt und reflektiert werden	Workshops	mittel
Tandem/ Shadowing	Novize schaut erfahrenem Mitarbeiter über die Schulter; sukzessives Einarbeiten in die Aufgaben des Experten	Einarbeitung, im Arbeitsprozess	hoch
Patenmodell	Erfahrener Mitarbeiter wird Novizen zur Seite gestellt; keine Übergabe von Aufgaben, sondern situatives Nachfragen	Einarbeitung	mittel
Mentoring	Erfahrener, zumeist hierarchisch höherer Mitarbeiter wird Novizen zur Seite gestellt; Vermittlung von Unternehmenswerten und Vorgehensweisen, abteilungsübergreifend, karriereorientiert	Außerhalb der Arbeitsprozesse	mittel
Open Space	Selbstorganisierte Gruppenmethode zur Vernetzung, zum Austausch von Erfahrungen und zur Problembewältigung	Außerhalb oder tangierend zum Arbeitsprozess	hoch
OPPTY	Programm mit einer Laufzeit von 36 Monaten und den Transferschritten Observation (Beobachtung), Practice (Praktische Anwendung), Partnering (Gemeinsamkeit), Joint Problem Solving (Problemlösung) sowie Taking Responsibility (Verantwortungsübernahme)[138]	Im Arbeitsprozess	hoch

[137] In Anl. an Erlach/Orians/Reisach (2013), S. 136 ff. und Freitag/Weber (2003), S. 137 ff.
[138] Leonard/Swap/Barton (2015), S. 120 ff.

Porschen und Pfeiffer sehen einen Vorteil in der direkten, authentischen Anwendung z.B. von Erfahrungsgeschichten, d.h. die Geschichten und „Lernerfahrungen" im Arbeitsgeschehen direkt zu erzählen ohne formalisierendes Protokoll oder Anschlussmaßnahmen.[139]

Die folgende Matrix zeigt, dass nur wenige Wissenstransfermethoden im Stande sind, implizites Erfahrungswissen zu transferieren. Wenn dauerhaft zusammengearbeitet wird und die Zeit vorhanden ist, über Vorgehensweisen oder erfolgreiche Erfahrungen zu sprechen, kann das Gesagte und Gezeigte verinnerlicht und auf eigene Kontexte übertragen werden. Dies ist bei den Methoden „Tandem", „Erfahrungsgeschichte", „Open Space" und „OPPTY" gegeben. Daher erscheinen sie für den Transfer von Erfahrungswissen geeignet.

In der folgenden Matrix sind die in Tabelle 3 vorgestellten Wissenstransfermethoden auf den Koordinaten Zeit und Wissensart abgetragen. Die Matrix wurde auf Basis der Autoren Leonard et al. und Erlach et al. entwickelt. Je mehr Zeit die Wissensträger zusammen verbringen, desto mehr verborgene und implizite Wissensanteile werden sichtbar und transferierbar.

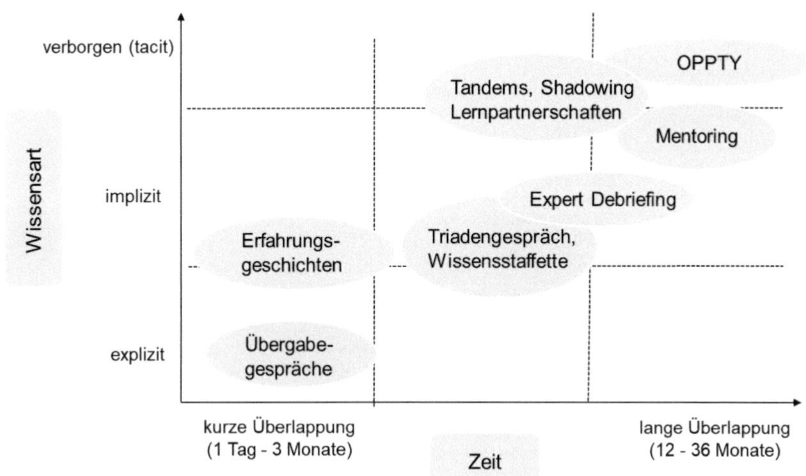

Abbildung 10: Wissenstransfermethoden-Matrix[140]

[139] Vgl. Porschen (2008), S. 196.
[140] In Anl. an Leonard/Swap/Barton (2015), S. 68 und Erlach/Orians/Reisach (2013), S. 136 ff.

Die Autoren Leonhard et al. unterscheiden zwischen implizitem und verborgenem Wissen. Das verborgene Wissen zählt ebenfalls zur impliziten Wissensart, ist jedoch noch weniger sichtbar und dem Wissensträger oftmals unbekannt, da er dieses Wissen tief und unbewusst verinnerlicht hat. Daher braucht es geeignete Methoden und ausreichend Zeit, um an dieses Wissen zu gelangen.

Voraussetzung für die erfolgreiche Anwendung von Wissenstransfermethoden ist einerseits die Bereitschaft der Organisation, der Führungskräfte und der Wissensträger, sich auf Methoden – unter dem Einbringen von Zeit und personeller Kapazität – einzulassen. Zudem spielen für den erfolgreichen Einsatz der Methoden die vorher aufgezeigten Rahmenbedingungen, wie z.B. räumliche Nähe oder Fehlerkultur eine Rolle, damit Erfahrungswissen expliziert werden kann.

2.2.5. Wissenstransfermethoden in der Praxis

Um die Anwendbarkeit und Eignung von Wissenstransfermethoden für den Erfahrungswissenstransfer zu untersuchen, wurde eine Befragung unter Fachexperten (Wissensträger) durchgeführt, die sich kurz vor Eintritt in den Ruhestand oder vor einem Arbeitsplatzwechsel befanden.[141] Im Zeitraum von Mai bis Juli 2015 entstanden bei einem Automobilhersteller zehn leitfadengestützte Interviews[142] mit erfahrenen Wissensträgern aus der Produktionsplanung und Produktentwicklung. Die Experten wurden mit dem Ziel der Ermittlung des „Status Quo" zur Nutzung von Wissenstransfermethoden befragt.

Die folgende Auswertungstabelle fasst die Ergebnisse dieser Befragung zusammen. In der Befragung wurden Kategorien und spezielle Ausprägungen dazu identifiziert. Zunächst wird der Begriff „Erfahrungswissen" durch Beschreibungen aus dem Arbeitsalltag der Interviewpartner angereichert. Aufbauend darauf wird gezeigt, durch welche Vorgänge der eigene „Erwerb von Erfahrungswissen" erfolgte. Anschließend fasst die Kategorie „Erfahrungswissenstransfer im Arbeitsalltag" zusammen, in welchen Situationen Erfahrungswissen transferiert wird. Die Kategorie „Wissenstransfermethoden" zeigt, durch welche Methoden der Erfahrungswissenstransfer beim Stellenwechsel unterstützt wird. Zusätzlich werden „Rahmenbedingungen" aufgeführt, die

[141] Vgl. dazu Baumhauer (2016), S. 1 ff.

[142] Die Interviewdaten wurden transkribiert und inhaltsanalytisch ausgewertet. Vgl. Mayring (1991), S. 210 ff.

sich aus Sicht der Befragten förderlich oder hinderlich auf den Wissenstransfer auswirken. Die folgende Tabelle fasst die Ergebnisse der Befragung zusammen.

Tabelle 4: Ergebnisse Vorbefragung

<table>
<tr><th>Kategorie</th><th colspan="2">Ausprägung</th></tr>
<tr><td>Erfahrungswissen</td><td colspan="2">- Problembewusstsein und Problemlösungswissen
- Technisches Fachwissen
- Generativer Überblick zu Aufgaben, Funktionen oder Prozessen
- Intuition, Fingerspitzengefühl bei der Bewertung von Situationen
- Unter Zeitdruck richtig und schnell entscheiden
- Standing und Durchsetzungsfähigkeit in der Hierarchie und in Gremien
- Netzwerk-Management</td></tr>
<tr><td>Erwerb von Erfahrungswissen</td><td colspan="2">- Häufige Wiederholung der Aufgabe
- Diskussion mit Fachexperten des gleichen Arbeitsgebietes
- Koordinieren kritischer Projekte
- Neue Aufgaben</td></tr>
<tr><td>Erfahrungswissenstransfer im Arbeitsalltag</td><td colspan="2">- Erfahrungsberichte in Abteilungssitzungen, wie z.B. Regelkommunikation
- Problembesprechungen in Methoden-Nachmittagen, Task-Forces
- Seltenen Einsatz von Lessons-Learned-Workshops</td></tr>
<tr><td>Wissenstransfermethoden bei Stellenwechsel</td><td colspan="2">- Kein systematischer Wissenstransfer-Prozess, fehlende Überlappungszeit
- Selten findet eine systematische Nachfolgeplanung statt
- Seltene Anwendung von Wissenstransfermethoden</td></tr>
<tr><td>Rahmenbedingungen für Erfahrungswissens-transfer</td><td>Förderlich:
- Interesse der Kollegen
- Offene Gesprächskultur
- Positive Fehlerkultur</td><td>Hinderlich:
- Zeitlich verzögerter Nachfolgeprozess
- Desinteresse</td></tr>
</table>

Das Ergebnis der Befragung zeigt, dass Erfahrungswissen einerseits als Fachwissen, andererseits als überfachliche Fähigkeiten, wie z.B. unter Zeitdruck richtig entscheiden, verstanden wird. Bei Stellenwechsel oder Austritt in den Ruhestand würden Wissenstransfermethoden selten bis gar nicht angewendet. Dies liege gemäß der befragten Personen daran, dass in der Organisation kaum bekannt sei, wie sich Erfahrungswissen in der Praxis zeige. Daher sei zum Zeitpunkt des Austrittes selten deutlich, welche Wissenslücken aufgrund des Wegganges entstehen. Zudem schränke eine fehlende Nachfolgeplanung und eine fehlende Überlappung zwischen Stelleninhaber und Nachfolger die Anwendung von Wissenstransfermethoden ein.

Die ermittelten Einflussfaktoren für Wissenstransfer bestätigen die Ergebnisse der Literatur-Recherche. So wirkt sich ein positives oder negatives Interesse des Wissensnehmers auf das Transferverhalten des Wissensgebers aus.

Interessanterweise berichteten die Interviewpartner von Situationen im Arbeitsalltag, die bewusst dazu genutzt würden, Erfahrungen an Kollegen oder neue Mitarbeiter weiterzugeben. Hierzu gehörten:

- Erfahrungsberichte über Veranstaltungen oder Projekte
- Regelkommunikation, Shopfloor
- Technik-Runden, die auch zur Problemlösung genutzt werden
- Methoden-Nachmittage, bei welchen Konzepte diskutiert werden.

Neben den ausscheidenden Wissensträgern wurden noch Gespräche mit Verantwortlichen des Personalbereiches geführt, um eine weitere Sichtweise auf die Nutzung von Wissenstransfermethoden zu erhalten. Die Ergebnisse der Gespräche sind im Folgenden kurz zusammengefasst. Sie liefern Implikationen für den Erfahrungswissenstransfer, da sie aufzeigen, welche Rahmenbedingungen den Erfahrungswissenstransfer organisatorisch-strukturell beeinflussen.

Personalpolitische Sichtweise auf Erfahrungswissenstransfer

Aus personalpolitischer Sicht ist Erfahrungswissenstransfer im Baustein „Lernen und Personalentwicklung“ als einer der vier Bausteine des Generationenmanagements verortet. Dieser Baustein beabsichtigt, dass durch altersgemischte Arbeitsteams und Lerngruppen die Effekte sich ergänzender Fähigkeiten unterschiedlicher Altersgruppen genutzt werden.

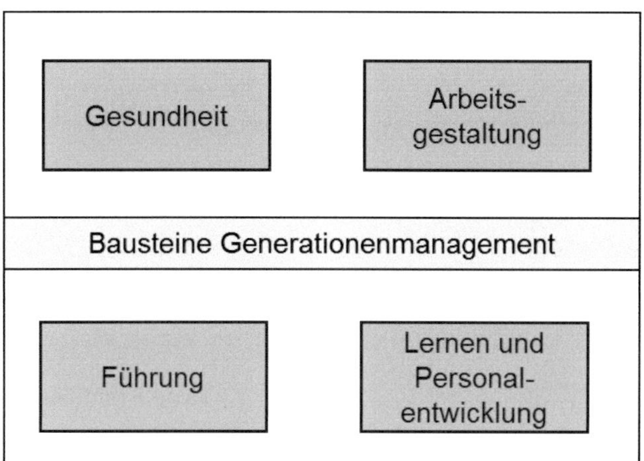

Abbildung 11: Bausteine Generationenmanagement

Mit der gezielten Wissensweitergabe und dem Erfahrungsaustausch werden Lernprozesse gefördert und die Sicherung des Know-hows im Unternehmen unterstützt.[143]

Verlässt ein erfahrener Wissensträger seine Position, ist es in der Unternehmenspraxis üblich, diese erst nachzubesetzen, wenn der Inhaber die Abteilung verlassen hat. Nach Aussagen der Personalverantwortlichen sei Führungskräften und Unternehmen bewusst, welche Bedeutung Erfahrungswissen für die Ausübung der Aufgabe darstelle, allerdings wird dieses Wissen beim Weggang nicht systematisch erfasst oder weitergegeben. Es bestehe die Möglichkeit, einen Erfahrungswissenstransfer über ein „Beratermodell“ abzuwickeln, das bereits ausgeschiedene Wissensträger für spezifische Projekteinsätze in das Unternehmen zurückholt.[144]

Tritt ein neuer Mitarbeiter ein, gibt es einen standardisierten Einarbeitungsleitfaden. In der Regel wird ein Pate im Team benannt, der für die Einarbeitung verantwortlich ist. Ziel der Einarbeitung ist es, den neuen Mitarbeiter in möglichst kurzer Zeit die für seine Arbeitsfähigkeit erforderlichen Qualifikationen zu vermitteln.[145]

Fazit

Das Ergebnis der Vorbefragung und der Literaturrecherche zeigt, dass nur wenige Wissenstransfermethoden im Stande sind, in die tief verborgenen „Schichten“ des Erfahrungswissen vorzudringen. Viele Methoden sind kurzfristig angelegt und fragen vor allem nach explizitem Wissen. Zwar finden auch längerfristige Wissenstransfermethoden, wie z.B. das Patenmodell, Anwendung, allerdings ist es immernoch eine große Herausforderung, hierdurch an das Erfahrungswissen zu gelangen. Ein Grund liegt in der „Art“ des Wissens begründet. Erfahrungswissen zeigt sich vor allem in Handlungen. Es kommt nur in spezifischen Anwendungskontexten zum Vorschein. Es reicht in der Patenbeziehung nicht aus, einmal nachzufragen, wie etwas funktioniert. Vielmehr sollte ein ständiges Nachfragen und Zusammenarbeiten, ein gemeinsames „Erfahrungsmachen“ verfolgt werden, um einen erfolgreichen Transfer zu ermöglichen.[146]

Eine Praxissituation kann in einer reinen „Erzählsituation“, wie sie von vielen Wissenstransfermethoden verlangt wird, schwer nachgestellt werden, da viele Kontextinfor-

143 Grundpositionen Generationenmanagement Automobilhersteller (2015), S. 8.
144 Interne Befragung Automobilhersteller (2015).
145 Einarbeitungsleitfaden Automobilhersteller.
146 Siehe dazu Abschnitt 2.1 und 2.2.

mationen fehlen. Diese Informationen erscheinen für den Wissensträger irrelevant. Zugleich ist genau dieses Kontextwissen bedeutsam für die Bewältigung von Aufgaben und letztlich die Qualität von Arbeitsergebnissen.[147]

Vom Arbeitsplatz „isolierte“ Wissenstransfermethoden bieten daher zu wenig Raum, um das konkrete Arbeitsumfeld verständlich zu beschreiben. Der Wissensnehmer sollte den Erfahrungskontext verstehen, um das Gesagte richtig einzuordnen und damit die relevanten Schlüsse für seine Arbeit zu ziehen.[148]

Auch wenn Nachfolger oder „aufnehmende“ Kollegen definiert sind, bieten kurze oder punktuelle Überlappungszeiten wenig Raum und Zeit, um Erfahrungen weiterzugeben. Idealerweise sollten Wissensgeber und -nehmer länger als ein Jahr zusammenarbeiten. Diese Zeit ist in der Unternehmensrealität selten vorhanden, denn wenn der Neue startet, hat er der erfahrene Kollege die Abteilung in den meisten Fällen bereits verlassen.

Eine Studie zum "Informellen Lernen“[149] von Kley/Staudt, in der Berufseinsteiger befragt wurden, bekräftigt die Ergebnisse dahingehend, dass Lernen und das Aufnehmen neuer Inhalte am besten durch das Einweisen und Anlernen durch erfahrene Kollegen „on the job“, sowie das Beobachten, Imitieren und gezielte Nachfragen bei der Arbeit geschehe.[150] Zudem wurden zur Bewältigung des „eigentlichen Jobs“ soziale Handlungsfähigkeiten, wie z.B. „das Überzeugen anderer durch eigene Ideen“ oder „der Umgang mit Konfliktsituationen“ als Lernbedarfe geäußert.[151]

Neben dem Einsatz von Wissenstransfermethoden, die überwiegend bei dem Weggang von erfahrenen oder der Einarbeitung neuer Mitarbeiter verwendet werden, brachte die Vorbefragung Hinweise auf Situationen hervor, die sich für Erfahrungswissenstransfer besonders eignen. Arbeits- oder Abstimmungsformen, wie z.B. Methoden-Nachmittage wurden hierzu genannt. Das besondere dieser Transfer-Situationen ist der direkte Bezug zum Arbeitskontext: Der Erfahrungstransfer geschieht im Fluss der Arbeit, wie z.B. der Diskussion eines Problems.

---

[147] Vgl. Böhle (2005), S. 10.
[148] Vgl. Erlach/Orians/Reisach (2013), S. 4 f.; Vgl. Nonaka/Takeuchi (2012), S. 80.
[149] Staudt/Kley (2001), S. 280 ff.: „Untersuchung zum informellen Lernen in den neuen Ländern“; Hauptuntersuchung: Computergestützte Telefonbefragung (1012 Probanden, halbstandardisierter Fragebogen).
[150] Staudt/Kley (2001), S. 255.
[151] Staudt/Kley (2001), S. 248.

Aus der Vorbefragung und der Literaturanalyse[152] ergeben sich somit **vier Ansatzpunkte für Erfahrungswissenstransfer:** 1. Einarbeitung, 2. Weggang, 3. Zusammenarbeit, und 4. Team-Konstellation.

Abbildung 12: Ansatzpunkte für Erfahrungswissenstransfer

Die **Einarbeitung**, bei welcher ein neuer Mitarbeiter als „Novize" auf einem bestimmten Arbeitsgebiet startet, kann als Erfahrungswissenstransfer-Situation genutzt werden. Hierbei sollte die Einarbeitung so gestaltet sein, dass ein hoher Erfahrungserwerb durch den Austausch mit erfahrenen Wissensträgern in konkreten arbeitstypischen Situationen ermöglicht wird.

Der **Weggang** wird als zweite Situation für Erfahrungswissenstransfer betrachtet. Durch die Anwendung von Frühwarnsystemen, die anzeigen, welche erfahrenen Mitarbeiter in den nächsten Jahren ausscheiden werden und welche Nachfolger potenziell vorhanden sind, kann ein enger Erfahrungswissenstransfer zwischen diesen beiden Personen angestoßen werden. Unterstützt werden kann dies durch die passende Anwendung unterschiedlicher Methoden.

Als dritte Situation wurde die tägliche **Zusammenarbeit** identifiziert. Diese ist durch viele Abstimmungssituationen und Arbeitsformen gekennzeichnet, die sich für Erfahrungswissenstransfer eignen.

[152] Siehe dazu auch die Forschung von Leonard/Swap/Barton (2015), S. 45: „(..) (a) specific situation requiring knowledge transfer (normal job transitions, retirements, mergers, onboarding)."

Die **Team-Konstellation**, also die Zusammensetzung und Aufgabenverteilung in Teams, wurde als vierter Ansatzpunkt identifiziert, mit der ein Erfahrungswissenstransfer gesteuert werden kann.

Erfahrungswissen ist aufgrund seiner Beschaffenheit, nämlich praktisch erworben zu sein und durch praktische Anwendung sichtbar zu werden, auch nur durch Handlungen transferierbar. Zudem unterstützen verbalisierende Umschreibungen und Tätigkeiten, die beobachtet werden, aber auch Feedback- und Reflektionsrunden den Wissenstransfer. Methoden, die losgelöst vom Arbeitsprozess angewendet werden, wie z.B. die Wissensstafette oder das Patenmodell, eignen sich nur dann, wenn die Erzählungen einen direkten Bezug zur Arbeit des „Aufnehmenden“ herstellen.

Daher konzentriert sich die vorliegende Arbeit auf die **„Zusammenarbeit“** als Ansatzpunkt für Erfahrungswissenstransfer. Die Zusammenarbeit findet im täglichen Arbeitsprozess statt, wobei die Wissensträger ihre Erfahrungen durch bestimmte Auslöser explizieren. Überdies birgt eine dauerhafte Zusammenarbeit Potenzial, Erfahrungswissen sichtbar, spürbar und übertragbar zu machen.[153]

Im nächsten Abschnitt wird hergeleitet, welche Zusammenarbeitsformen im Kontext von Organisationen auftreten.

2.3. Arbeitsprozesse in Organisationen

Zusammenarbeitsformen werden durch die Organisationsstruktur, die Arbeitsteilung sowie Koordinations- und Abstimmungsformen geprägt. Im Abschnitt wird herausgearbeitet, welche Arbeitsformen kennzeichnend für produzierende Unternehmen sind und welche Möglichkeiten sie für Erfahrungswissenstransfer bergen.

2.3.1. Strukturen und Prozesse

Um eine Gesamtaufgabe zu bewältigen, z.B. die Herstellung von Fahrzeugen, bedarf es einer sinnvollen Gliederung von Teilaufgaben. Die Organisationsgestaltung unterscheidet zwischen Teilaufgaben (Differenzierung) und der Zusammenführung der Teilaufgaben in Form von Stellen (Integration). Regeln unterstützen bei der Aufgabenbearbeitung, -verteilung und -koordination. Ergänzt werden sie durch Zuständigkeiten

[153] Vgl. dazu auch Porschen (2008), S. 151.

und Weisungsrechte.[154] Hierdurch entstehen Organisationsstrukturen.[155] Neben den Strukturen gibt es Prozesse, um die Teilaufgaben zu lösen.

Durch eine Aufgabenanalyse ist es möglich, die Arbeitsschritte zur Erfüllung einer Aufgabe zusammen zu fassen.[156] Folgende Abbildung illustriert den Zusammenhang zwischen Strukturen und Prozessen in Organisationen.

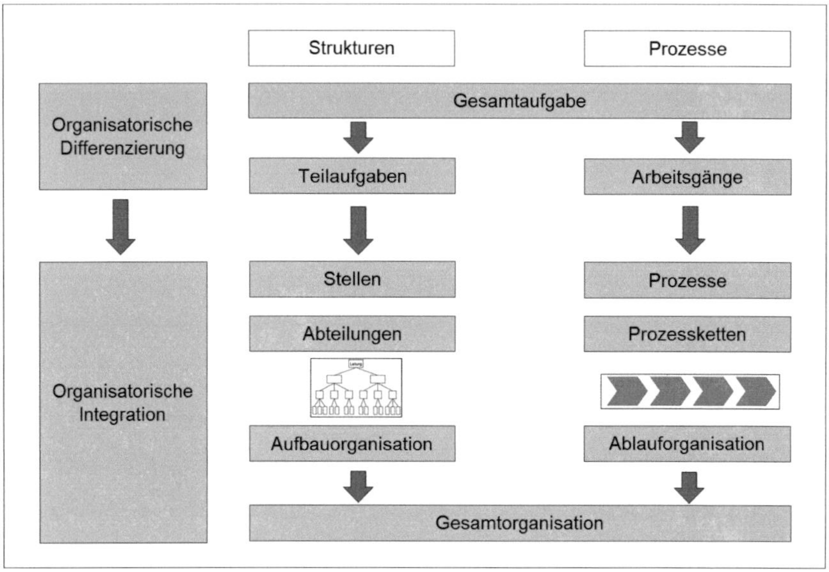

Abbildung 13: Strukturen und Prozesse einer Organisation[157]

Zur Erfüllung der Teilaufgaben sind zwischen den Organisationseinheiten dauerhafte Kommunikations- und Weisungsbeziehungen festgelegt, die sich an der formalen Organisationsstruktur, z.B. einer Matrix-Struktur[158], orientieren. Die Kommunikationswege werden zudem von Koordinations- und Abstimmungsformen[159] geleitet.

---

[154] Vgl. Vahs (2015), S. 49 f.
[155] Steinmann/Schreyögg/Koch (2013), S. 383.
[156] Vgl. Vahs (2015) in Anl. an Kosiol (1976), S. 49 ff.
[157] Vahs (2015), S. 58 in Anl.an Bleicher (1991), S. 49.
[158] Schreyögg/Geiger (2016), S. 86 ff.: Eine Matrixorganisation ist eine Dualorganisation, in der sich zwei Autoritätslinien mehr ähnlichen Kompetenzen gegenüberstehen (Verrichtungs- und Objektorganisation für denselben Aufgabenbereich).
[159] Vgl. Vahs (2015), S. 107 ff.

2.3.2. Koordinations- und Abstimmungsformen

Je mehr Arbeitsteilung stattfindet, desto höher ist der Koordinationsaufwand, d.h. die Abhängigkeiten und Berührungspunkte (entspr. Schnittstellen) zwischen Abteilungen.[160] Zur Koordination und Abstimmung von Aufgaben bieten sich drei Formen an: 1. Hierarchie, 2. Programme und Pläne sowie 3. Selbstabstimmung.[161]

Die **hierarchische Koordination** funktioniert vertikal über Weisungen und Entscheidungen der nächsthöheren Ebene. Diese Koordinationsform unterstützt bei Zuständigkeitsfragen. Allerdings regelt sie nicht den sachlichen Bezug.[162] Dies kann zur Überlastung der vertikalen Kommunikationskanäle führen, was sich z.B. in einer hohen Besprechungsdichte zeigen kann.

Die **Koordination durch Programme und Pläne** orientiert sich an Richtlinien und Handlungsmustern, beschrieben in Handbüchern und Verfahrensanweisungen. Für Aufgaben oder Problemstellungen werden standardisierte Lösungen angeboten. Gemäß Schreyögg/Geiger wirken Programme und Pläne entlastend für die Hierarchie, jedoch erzeugen sie durch ihren statischen Rahmen wenig Elastizität bei unerwarteten Ereignissen. „Die erzielten (..) Lösungen sind tendenziell Scheinlösungen. Sie haben ihren tieferen Grund mehr in der Programmanforderung wie der eigentlichen Abstimmung von Problemen.“[163]

Die dritte und älteste Koordinationsform ist die **horizontale Selbstabstimmung**. Die Abstimmung entsteht nach eigenem Ermessen der Aufgabenträger. Sie beruht auf einer unmittelbaren, persönlichen Kommunikation ohne das Einschalten der nächsthöheren Ebene. Durch die informale Abstimmung können Probleme schnell gelöst werden, allerdings können sich Informationsflüsse verlangsamen.[164]

Die vorgestellten Koordinations- und Abstimmungsformen können darüber hinaus noch durch formale und informale Eigenschaften differenziert werden. Zur Unterscheidung von formal und informal werden sieben Differenzierungskriterien betrachtet. Die nachfolgende Abbildung illustriert die Kriterien.

---

[160] Vahs (2015), S. 103 f.: Je höher der Interdependenzgrad, desto notwendiger ist die Zusammenfassung zu einer Organisationseinheit, je niedriger desto höher der Autonomiegrad (Dezentralisierung).
[161] Vgl. dazu Staehle/Conrad (1999), S. 75ff.
[162] Vgl. Schreyögg/Geiger (2016), S. 68.
[163] Schreyögg/Geiger (2016), S. 76 ff.
[164] Vgl. Schreyögg/Geiger (2016), S. 83 und Vahs (2015), S. 119.

1. Umfang der Mitarbeit (z.B. Vollzeit oder Teilzeit)
2. Aufgabe (z.B. Daueraufgabe oder befristete Sonderaufgabe)
3. Zeit/Dauer (kontinuierlich (z.B. wöchentlich) oder diskontinuierlich)
4. Personen (2 bis 15 Personen)
5. Interaktionsgrad[165]
6. Normen (Erwartungshaltung von Gruppenmitglieder an das Handeln anderer)
7. Rollendifferenzierung (Status von Gruppenmitgliedern).[166]

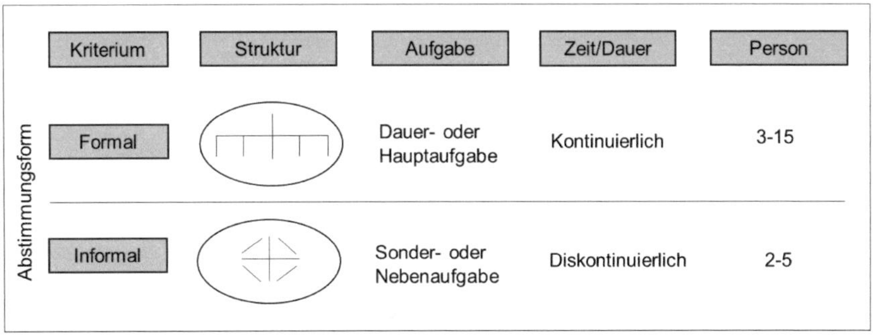

Abbildung 14: Kriterien der formalen und informalen Abstimmung[167]

Als **formale Formen** gelten Leitungs- und Arbeitsgruppen. Diese werden in Vollzeit ausgeführt. Daneben gibt es Ausschüsse oder Problemlösungsgruppen, die diese Funktion in Teilzeit ausüben.[168] Das Kommunikationsmedium dieser Gruppen sind Sitzungen, Besprechungen, Tagungen oder Workshops. **Informale Abstimmungsformen** repräsentieren „(..) eine eigene Regelwelt, die Freiräume und Schutzzonen innerhalb der offiziellen Ordnung verschafft“[169]. Das Kommunikationsmedium der informalen Gruppe ist zumeist ein „Face-to-Face-Gespräch“. Luhmann spricht den informalen Prozessen eine hohe Bedeutung zu, da diese Zwecke erfüllen, die für den Systemerfolg bedeutsam seien: Eine schnelle Verständigung, Zugehörigkeitsgefühl, und der Wunsch nach Vertrautheit.[170]

Die Autorin Porschen differenziert die formalen und informalen Abstimmungsformen weiter aus. Der Aufgabe und Person ordnet sie noch ihren Funktionsbereich zu (z.B.

165 Wird auch als Kontakthäufigkeit definiert, vgl. Vahs (2015), S. 80.
166 In Anl. an Vahs (2015), S. 80 f.
167 In Anl. an Vahs (2015), S. 84, 119.
168 Vgl. Vahs (2015), S. 84 ff.
169 Schreyögg/Geiger (2016), S. 13.
170 Luhmann (1995), S. 284.

Führungskräfteaustausch Entwicklung). Zudem konkretisiert sie das inhaltliche Anliegen: Handelt es sich um Arbeits-, Planungs- oder Krisenabstimmungen. Bei der zeitlichen Dimension wird unterschieden zwischen Ad-hoc (sofort einberufene Abstimmung) und Jour-Fix (routinierte, wöchentliche Besprechung).[171]

Informale Abstimmungs- und Kommunikationsprozesse eignen sich nach Krämer für die Erschließung des Erfahrungsschatzes anderer Personen. Sie ermöglichen das Austauschen und Entwickeln neuer Ideen, halten „Rollenzwänge" zurück und reichern die Bildung sozialer Netzwerke an. All dies trage zu einer Förderung des Wissensaustausches bei.[172] Porschen ergänzt, dass informale Abstimmungsformen im Vergleich zu formalen ein tiefergehendes Verständnis von Inhalten zuließen.[173]

Eine Ausprägung informaler Abstimmungen von Gruppen bildet das Praxiskonzept „Community of Practice"[174]. In dieser Abstimmungsform finden sich Experten spontan und informell zu einer bestimmten Frage- oder Problemstellung zusammen.[175] Wissen verbreitet sich leicht, da die Teilnehmer auf einen gemeinsamen Erfahrungshorizont und Wissensstand zurückgreifen und zumeist ähnliche Werte vertreten. Fragwürdig ist bei dieser Abstimmung, ob es Sinn macht, organisatorische Rahmenbedingungen zu schaffen, welche die Bildung von kurzzeitigen Austauschgruppen fördern und welche Möglichkeiten es gibt, die geteilten Erfahrungen und neu entwickelten Lösungen an andere Stellen zu transferieren.[176]

Das Konzept der Communities of Practice geht gemäß Porschen zu wenig auf die Wissensmobilisierung, also die konkreten Möglichkeiten eines Erfahrungswissensaustausches ein.[177] Vielmehr stellen sie und weitere Autoren wie Pfeiffer, Böhle praktische Ansätze in den Fokus, die konkretes Handeln zeigen und dadurch den Erfahrungswissenstransfer ermöglichen: Das Zusammenarbeiten im Arbeitsprozess.[178]

[171] Vgl. Porschen (2008), S. 188.
[172] Porschen (2008), S. 194 mit Bezug auf Krämer (2002), S. 26 ff.
[173] Porschen (2008), S. 169.
[174] Brown/Duguid (1991), S. 40 ff.
[175] Heutzutage existieren auch virtuelle Praxis-Gemeinschaften.
[176] Vgl. Schreyögg/Geiger (2016), S. 410 f., 494.
[177] Porschen (2008), S. 256.
[178] Porschen (2008), S. 255, Pfeiffer (2007), S. 185 und Böhle/Rose (1992), S. 185.

2.3.3. Arbeitsprozesse in der Produktionsplanung in der Automobilindustrie

Die vorliegende Arbeit befasst sich mit Erfahrungswissenstransfer am Beispiel der Produktionsplanung innerhalb der Automobilindustrie. Um Möglichkeiten und Gestaltungspotenziale für Erfahrungswissenstransfer zu identifizieren, wird zunächst beschrieben, wie Abstimmungsformen und Arbeitsprozesse im besonderen Fall der Produktionsplanung ablaufen. Zudem wird auf äußere und innere Einflussfaktoren in der Automobilindustrie eingegangen, welche die gestiegene Komplexität für Produktionssysteme begründen und daher neue Anforderungen an einen Erfahrungswissenstransfer stellen.

Die **Automobilwirtschaft**[179] umfasst gemäß Dietz alle Unternehmen, die mit der Herstellung, Vermarktung, Instandhaltung und Entsorgung von Automobilen und Automobilteilen beschäftigt sind. Strukturiert ist sie entlang der Wertschöpfungsstufen Zulieferer, Hersteller, Kraftfahrzeuggewerbe (Vertrieb) und Endkunde.[180]

Hersteller von Automobilen sind nach Schönmann „(..) Unternehmen, die in Eigenfertigung und mit Einsatz zugelieferter Systeme, Komponenten, Module sowie möglicher Entwicklungsleistungen Automobile herstellen und an den Märkten anbieten.“[181]

Um Produkte herzustellen bedarf es gemäß Westkämper/Löffler eines geeigneten **Produktionssystems**. Die Autoren verstehen das Produktionssystem als Produktionskreislauf, welcher Prozesse der Entwicklung, Konstruktion, der Produktion und Deproduktion zusammenführt.[182]

Die **Produktionsplanung** stellt im Produktionssystem den bestmöglichen Einsatz von Produktionsfaktoren für eine wettbewerbsfähige Produktion sicher. Sie trifft Entscheidungen über Produktgestaltung, Personal- und Betriebsmittelkapazitäten sowie über die Organisation der Produktion.[183]

Das Produkt, z.B. ein Automobil, ist durch eine Produktstruktur gekennzeichnet. Es besteht aus einem System, das in Komponenten und Einzelteile untergliedert ist. Die Produktstruktur wird von der Entwicklungsabteilung vorgegeben. Die Produktionsplanung übersetzt die **Produktstruktur (Entwicklung)** auf die **Produktionsstruktur**

[179] Synonyme Verwendung mit Automobilindustrie.
[180] Diez/Brachat/Reindl (2005), S. 59 f.
[181] Schömann (2012), S. 32.
[182] Vgl. Westkämper/Löffler (2016), S. 57, Abb. 4.5.
[183] Vgl. Dangelmaier (2009), S. 9.

(Produktion). Dabei legt sie die Planung, Konstruktion und Montage, also die Produktionsprozesse so aus, dass das Produkt optimal gefertigt werden kann. Zur Herstellung eines Automobils werden die Komponenten Aggregat, Fahrwerk, Karosserie, Ausstattung und Elektronik so konstruiert, geplant, gefertigt und montiert, dass sie am Ende zu einem Gesamtfahrzeug harmonisiert werden.[184]

Eine weitere Aufgabe der Produktionsplanung ist die Stabilisierung und Absicherung der laufenden Produktionsprozesse. Dabei sind die Produktionsplaner in der ständigen Abstimmung zwischen Ressourcen (z.B. Material, Logistik, Lieferanten), Produkten (z.B. Komponenten, Bauteile), Prozessen (z.B. Verkettungen von Maschinen) und der IT-Architektur.[185] Jegliche Informations- und Wissensflüsse, die sich aus der Absatzplanung, der Entwicklung und Konstruktion ergeben, werden von der Produktionsplanung in Form von Stücklisten und Arbeitsplänen interpretiert, aufbereitet und in das Produktionsprogramm transferiert. Die Produktionsplanung gleicht einer sternförmigen Steuerungsfunktion, die Änderungen oder Neuprodukte der Entwicklung und Konstruktion mit den vorhandenen Produktionsmitteln, der Logistik und Lieferanten abstimmt und in reibungslose Produktionsprozesse überführt.[186] Folgende Abbildung illustriert typische Informations- und Materialflüsse, die von der Produktionsplanung gesteuert werden. Zudem zeigt sie das hohe Abstimmungserfordernis zwischen den einzelnen Funktionsbereichen, wie z.B. Absatzplanung, Einkauf, Entwicklung und Produktionsplanung.

Die Abstimmungsprozesse werden durch veränderte Anforderungen und äußere Einflüsse, z.B. neue Kundenwünsche beschleunigt. Da sich äußere Wandlungstreiber auf die inneren Abstimmungsprozesse auswirken, die wiederum die Weitergabe von Erfahrungswissen beeinflussen, soll auf diese nun eingegangen werden.

---

[184] Westkämper/Löffler (2016), S. 154 ff.: Der Fahrzeugentstehungsprozess startet mit der Produktplanung. Sind Markt- und Designstudien abgeschlossen, Innovationsideen generiert und erste Vorentwicklungsprozesse vollzogen, folgt die Konzeptentwicklung, aus der sich die Produktentwicklung und Konstruktion ableiten. Zu diesem Zeitpunkt steigt die Produktionsplanung ein, d.h. ihr obliegt die produktspezifische Detailkonstruktion bis zum Start der Produktion, der anschließenden Serienbetreuung sowie des Änderungsmanagements.

[185] Vgl. Westkämper/Löffler (2016), S. 154 f.

[186] Vgl. Bauer/Schlund (2015), S. 54.

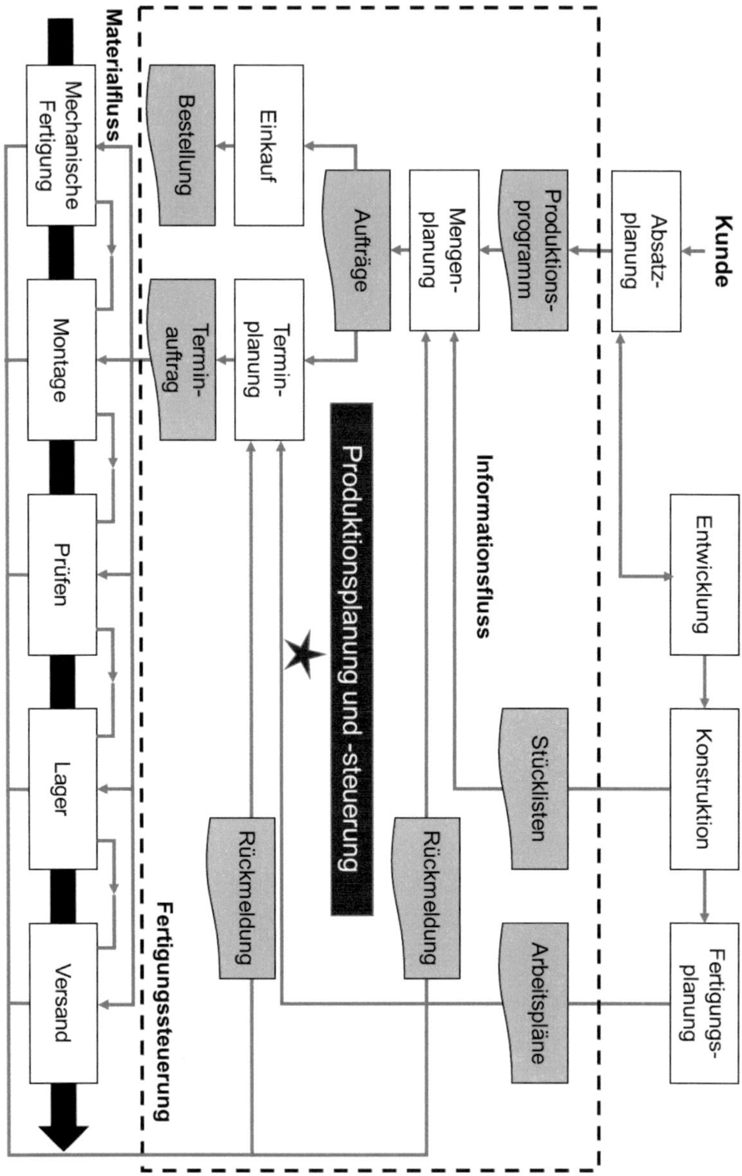

Abbildung 15: Produktionsplanung und -steuerung[187]

[187] In Anl. an Dangelmaier, S. 12.

2.3.4. Äußere Einflüsse auf die Arbeitsprozesse der Produktionsplanung

Das System Produktion hat sich von einem tayloristischen zu einem wandlungsfähigen, flexiblen System entwickelt, das nicht nur rein automatisierte Massenprodukte herstellt, sondern bereits auf kleine kunden- oder marktseitige Veränderungen sensibel reagieren kann (bspw. ist es durch One-Piece-Flow[188] möglich viele Varianten zu fertigen). Gestiegene individuelle Kundenwünsche nach bspw. Ausstattungsmerkmalen führen zur Notwendigkeit, mehr Flexibilität in das Produktionssystem zu bringen und mehrere Varianten schnell verfügbar zu haben. Auswirkungen hat dies auf beschleunigte Entwicklungszeiten[189] und Produktionszeiten, was sich in kürzeren Produktionsanläufen zeigt.[190]

Begünstigt wird diese Weiterentwicklung durch die Informations- und Kommunikationstechnik. Neue Datenübertragungswege lassen Informationen schneller sowie zeit- und ortsungebunden transferieren. Hierdurch erhöht sich nicht nur die Daten- und Wissensmenge, sondern auch die zeitliche Verfügbarkeit von Wissen.[191] Dem System Produktion stehen durch die Vernetzung von virtuellen Informationen (z.B. ERP-Systeme[192]) mit physischen Systemen (z.B. Maschinen) mehr Datenmengen, Auswertungs- und Prognosemöglichkeiten denn je zur Verfügung. Allerdings müssen diese adäquat verarbeitet und die relevanten Schlüsse daraus gezogen werden.[193]

Verkürzte Entwicklungs- und Produktionsprozesse tangieren auch bestehende Arbeitsprozesse in der Produktionsplanung. Beispielsweise werden Produktionstests beschleunigt oder virtuell durchgeführt. Abstimmungen mit anderen Abteilungen beschleunigen sich, da schnellere Erkenntnisse und Ergebnisse generiert werden müssen, um den schnelleren Time-to-Market-Zeiten und resultierenden Lieferzeiten gerecht zu werden.[194]

---

[188] One-Piece-Flow bezeichnet die Ein-Stück-Fertigung, gekennzeichnet durch objektorientierten Auftragsdurchlauf, Artteilung, Nutzung des Fließprinzips, Komplettbearbeitung mit geringer Durchlaufzeit, große Elastizität, keine Materialbestände, vielseitige Aufgaben, einfache Kapazitätserweiterung, eindeutige Mitarbeiterverantwortung, URL siehe Literaturverzeichnis.

[189] Vgl. Schömann (2012), S. 6 f.: Betrugen die Entwicklungszeiten eines Fahrzeuges in den neunziger Jahren ca. 60 Monate, wurden sie im Jahre 2012 auf 40 Monate reduziert und sollen sich noch weiter auf bis zu 18 Monate reduzieren.

[190] Vgl. Westkämper/Löffler (2016), S. 53 ff. und Bauer/Schlund (2015), S. 55.

[191] Westkämper/Löffler (2016), S. 53 ff.

[192] ERP=Enterprise-Ressource-Planning-System.

[193] Vgl. Hirsch-Kreinsen (2015), S. 11 ff.

[194] Bauer/Schlund (2015), S. 60 f.

Um mit diesen Veränderungen umzugehen, bestehe für Unternehmen die Herausforderung darin, geeignete Rahmenbedingungen zu gestalten, die das aktuelle Wissen aktivieren, neues Wissen schaffen und bestehendes Wissen nutzen. „Insbesondere im Bereich der notwendigen Flexibilisierung der Mitarbeiter, ihrer zeitnahen Kommunikation und Interaktion erzeugt die Digitalisierung Handlungsbedarfe für die Organisationsentwicklung (..).“[195] Beispielsweise führe die stärkere Nutzung von Echtzeitdaten zu einer Verdichtung von Entscheidungstätigkeiten und zudem der Notwendigkeit Auswirkungen auf das Gesamtsystem Produktion zu prognostizieren, was wiederum nur durch Erfahrungswissen möglich sei.[196]

Zudem kommt es vor, dass die Produktionsplaner mehrere Projekte, die sich in unterschiedlichen Entwicklungsstufen befinden, gleichzeitig betreuen. Dies erhöht die Komplexität und den Koordinationsbedarf, denn in den Projekten tauschen sich unterschiedliche Fachexperten aus.[197]

Das projekthafte Arbeiten führt zu einer stärkeren Projektorganisation, was bestehende Linien-Abteilungen und damit die Abstimmung zurückdrängt. Durch die örtliche Nähe und das „dauerhafte“ Vor-Ort-Sein ist Zeit für Erfahrungsaustausch über vergangene Projekte oder Vorgehensweisen gegeben. Personalpolitisch führen die organisatorischen Veränderungen dazu, dass Stellen nicht mehr eins zu eins nachbesetzt werden. Vorherige Stellen sind z.B. durch Zusammenfassung oder Ausgliederung von Aufgaben an andere interne oder externe Abteilungen oder Dienstleister entfallen.

2.4. Zusammenführung

Viele deutsche Produktionsunternehmen beschäftigen ihren größten Mitarbeiter-Anteil in Deutschland. Sie möchten wettbewerbsrelevante Wissenskompetenzen wie die Forschung und Entwicklung oder die Produktionsplanung auch zukünftig an deutschen Standorten erhalten. Mit den Wandlungstreibern demografischer Wandel und individualisierte Kundenwünsche müssen die Unternehmen umgehen. Dies schlägt sich in der Frage nieder, wie aufgrund des Abganges vieler erfahrener Wissensträger eine Sicherung ihres Wissens und eine Weitergabe an nachfolgende Generationen gewährleistet werden kann.

195 Bauer/Schlund (2015), S. 64.
196 Vgl. Bauer/Schlund (2015), S. 65.
197 Vgl. dazu Bauer/Schlund (2015), S. 62 f.

Die zweite aufgeworfene Herausforderung befasst sich mit der gestiegenen, produkt- und produktionsseitigen Komplexität durch die Variantenvielfalt. Die permanenten Verfügbarkeitserfordernisse schlagen sich einerseits in einer höheren Abstimmungsdichte und andererseits in schnellen Entscheidungen und Handlungen nieder.

Einen Lösungsweg hierfür bietet das Erfahrungswissen. Erfahrene Wissensträger haben gelernt, für ungeplante Situationen unterschiedliche Lösungswege zu entwickeln. Sie verfügen über ein hohes Prozessverständnis und können Ursache-Wirkungsbeziehungen leicht ableiten. Erfahrene Wissensträger bieten zudem ein weit verzweigtes Netzwerk in die Peripherie hin zu anderen Informationsquellen oder Entscheidungsträgern, was das schnelle Entscheiden begünstigt.

Der Literaturstand zeigt, dass Erfahrungswissen hochgradig praxisbezogen ist: Es entsteht durch die dauerhafte, wiederholte Konfrontation mit komplexen Problemstellungen, die zumeist im Dialog mit anderen Erfahrungsträgern, Systemen oder Maschinen weiterentwickelt werden. Das Resultat, wenn das Erfahrungswissen nicht mehr vorhanden ist, zeigt ein Beispiel aus der Praxis.[198]

Ein erfahrener Mitarbeiter aus der Produktionssteuerung begibt sich für zwei Wochen in den Urlaub. Er verantwortet ein Software-Tool, das Maschinen und Materialflüsse steuert. Als ein Fehler durch die Produktion gemeldet wurde und der Mitarbeiter nicht da war, wusste keiner der Kollegen oder Vorgesetzten mit dem System und den Informationen umzugehen. Selbst der Betreiber des Software-Tools war überfragt, da der Mitarbeiter die Software durch Eigenentwicklung auf die unternehmensspezifischen Produktionsprozesse angepasst hat. Erst nach der Rückkehr des Mitarbeiters konnte der Fehler behoben werden. Zu diesem empirischen Auszug bestätigt das folgende Zitat: „Am meisten merkt man die Bedeutung von Erfahrung dann, wenn sie fehlt: wenn der Arbeitsplatz schon verlagert ist oder der Kollege schon in Rente.“[199]

Das Beispiel zeigt zudem die Wirkungsweise von Erfahrungswissen: Aus undeutlichen Informationen und unvorhergesehene Störungen oder Situationen zieht der Wissensträger relevante Schlüsse. Dabei ist ihm exakt bekannt, wie sich welche in den virtuellen Systemen getroffenen Entscheidungen auf reale Produktionsprozesse auswirken.[200]

---

[198] Erfahrungsgeschichte aus eigener empirischer Erhebung 2016.
[199] Pfeiffer (2007), S. 107.
[200] Vgl. dazu Kap. 2.4.2 und 2.4.3.

Für den Erfahrungswissenstransfer verdeutlicht die Literatur-Analyse, dass sich Wissenstransfermethoden als Unterstützung eignen, sofern sie den Erfahrungswissenstransfer nah am Arbeitsgeschehen begleiten. Nach Pfeiffer allerdings gelingt „(..) die Weitergabe von Erfahrungswissen am besten in der jeweiligen Situation und durch direktes Zeigen, mit Hilfe von Nachmachen und gemeinsamem Tun. (..). Die situative Weitergabe von Erfahrungswissen im Prozess der Arbeit ist die effektivste Art des kollektiven Lernens: Kein Weiterbildungsmodul, keine Gruppenbesprechung, keine aufgeschriebene Best Practice kann das ersetzen“[201]. Porschen betont dabei die Informalität als Voraussetzung für Erfahrungsaustausch.[202]

Die Produktionsplanung gilt als Schnittstelle zwischen Entwicklung und Produktion. Die Zusammenarbeit mit anderen Funktionen und die Koordination unterschiedlicher Interessen führen zu einem hohen Abstimmungsgrad. Daher eignet sie sich besonders für die Betrachtung des Erfahrungswissenstransfers.

Die Arbeitsprozesse in der Produktionsplanung sind durch eine stabile und teilweise starre Programm-Planung charakterisiert.[203] Diese formale Koordinationsform ist für die Einhaltung der nacheinander getakteten Produktentstehungsstufen wichtig. Verbindliche Projektzeiträume und Ausbringungsmengen können hierdurch erzielt werden. Verzögerungen durch ungeplante Problemstellungen werden in Form von zeitlichen Puffern eingebaut. Die Entscheidungsstruktur, die bei der Produktentwicklung beginnt und sich bis in die Betreuung der Serienfertigung erstreckt, weist einen vertikalen Abstimmungscharakter auf.

Aufgrund permanent einströmender Einflüsse, wie z.B. ungeplanter Produktfeatures, stellt die Produktionsplanung einen Balanceakt zwischen hoher Liefertreue, flexiblen Produktionsprozessen sowie schnellen Abstimmungs-, Entscheidungs- und Problemlösungen her. Zu überdenken wäre, ob eine formal orientierte Koordinationsform ausreichend Gelegenheiten für einen schnellen Erfahrungswissenstransfer bietet.

Neue Informations- und Kommunikationstechnologien unterstützen zwar schneller zu kommunizieren und Wissen verfügbar zu machen, allerdings werden sie nach North

201 Pfeiffer (2007), S. 185.
202 Porschen (2008), S. 169.
203 Siehe Abschnitt 2.3.2: Formale Abstimmung durch Programme und Pläne; 2.3.3: Arbeitsprozesse Produktionsplanung.

nur genutzt, wenn organisatorische Rahmenbedingungen begleitend einwirken.[204] Gemäß Böhle drängen sie den Erfahrungswissenstransfer sogar zurück: „Je mehr eine konkrete Arbeitssituation durch (..) Technik- und Arbeitsgestaltung geprägt wird, umso stärker wird für die Arbeitskräfte eine erfahrungsgeleitete Arbeit erschwert. Sie [Die Arbeitssituation] muß (..) "gegen" die technischen und arbeitsorganisatorischen Vorgaben entwickelt werden; dadurch erlangt sie den Status "subjektiver" Leistungsfähigkeit, die durch die "objektiven" Arbeitsbedingungen weder unterstützt noch gefördert wird."[205] Die Autoren beziehen sich bei der Technik und Arbeitsgestaltung auf Einflussfaktoren, wie z.B. die Zentralisierung der Prozessüberwachung, knappe personelle Besetzung oder die Rationalisierung bei der Automatisierung.[206] Pfeiffer/Suphan beziehen sich auf die Forschung von Hirsch-Kreinsen. Dieser sieht gerade in zunehmend automatisierten und digitalisierten Arbeitsumfeldern, z.B. in der Mensch-Maschine-Abstimmung, das Erfahrungswissen als wichtigen Lieferanten für „Interpretationsleistungen".[207]

Porschen betont nicht nur die Förderung des Austausches in der Zusammenarbeit, sondern ähnlich wie die Autoren Nonaka/Takeuchi erachtet sie die Mobilisierungs- und Externalisierungszeitpunkte als notwendige Voraussetzung für Erfahrungswissenstransfer. Diesen wurde in der Forschung bislang zu wenig Beachtung geschenkt.[208]

Des Weiteren würden bestehende Konzepte zur informellen Abstimmung, wie z.B. die Communities of Practice, den Einbezug von Erfahrungswissen vernachlässigen. Es sind Treffen neben der alltäglichen Arbeit, die „Arbeit" selten als Gegenstand für Erfahrungsaustausch betrachten.[209]

Der demografische Wandel erfordert geeignete Mittel, um das Erfahrungswissen produzierender Unternehmen zu sichern. Der folgende Abschnitt beschreibt, wie die vorliegende Arbeit hierzu geeignete Antworten finden möchte. Dazu wird der Forschungsbedarf aufgezeigt und Forschungsfragen abgeleitet.

---

204 North (2011), S. 39 f.
205 Böhle/Rose (1992), S. 179.
206 Vgl. Böhle/Rose (1992), S. 169 f.
207 Pfeiffer/Suphan (2015b), S. 206 mit Bezug auf Hirsch-Kreinsen (2014), S. 13 ff.
208 Porschen (2008), S. 255 und Nonaka/Takeuchi (2012), S. 79.
209 Vgl. Porschen (2008), S. 259.

2.5. Forschungsbedarf zu Erfahrungswissenstransfer

Aus den skizzierten Erkenntnissen zu Erfahrungswissenstransfer leitet sich der Forschungsbedarf ab. Im Zentrum steht die Frage, wie Organisationen, insbesondere produzierende Unternehmen, es schaffen, im zunehmend komplexen und formalisierten Produktionsumfeld, Gelegenheiten entstehen zu lassen, um Erfahrungswissen zu transferieren. Der direkte Bezug zum Arbeitskontext ist für einen erfolgreichen Erfahrungswissenstransfer entscheidend, daher resultiert hieraus für die vorliegende Arbeit die zentrale Forschungsfrage:

**Wie sollten Zusammenarbeitsformen gestaltet sein,
um Erfahrungswissen in der Produktionsplanung zu transferieren?**

Zur Beantwortung der Forschungsfrage ergeben sich drei Unterfragen.

**1. Wie zeichnet sich Erfahrungswissen
in der Produktionsplanung aus?**

Um gelingende Situationen und Faktoren der Zusammenarbeit zu identifizieren, die den Erfahrungswissenstransfer fördern, ist es notwendig, die Struktur und die Wirkungsweise von Erfahrungswissen in den alltäglichen Handlungen der Produktionsplanung zu analysieren.

Pfeiffer schreibt zu diesem Aspekt: „Jeder weiß zwar, wer zu den erfahrenen Kollegen, den „alten Hasen“ gehört. Was diese aber wirklich können, was das Mehr und das Andere ist, das sie Neulingen am gleichen Arbeitsplatz voraushaben – das wird von außen selten sichtbar. Das liegt auch daran, dass Erfahrung personengebunden ist und immer informelles, implizites, individuell ausgeprägtes Wissen und Handeln enthält.“[210]

Durch den Analyseprozess von Erfahrungswissen soll zudem herausgefunden werden, welche Situationen oder Faktoren zu einem schnellen Erfahrungswissensaufbau führen. Hieraus sollen Ableitungen getroffen werden, wie „neue“ Produktionsplaner einen Zuwachs an relevantem Erfahrungswissen erhalten. Die Autoren Böhle/Rose verweisen auf das Theoriewissen, mit welchem neue Mitarbeiter zumeist in Aufgaben einsteigen: „Wie unsere Untersuchung zeigt, führen (..) theoretische Kenntnisse keineswegs dazu, daß die Anforderungen an eine "Qualifizierung in der Praxis" abnehmen

[210] Pfeiffer (2007), S. 103.

bzw. diese sich nur mehr auf den Erwerb des sog. "Bedienungswissens" (..) beschränken. Das für eine erfahrungsgeleitete Arbeit notwendige "subjektivierende Arbeitshandeln" muß - um seine Leistungsfähigkeit zu entfalten - von den Arbeitskräften ebenso "erlernt" werden wie "objektivierendes Handeln"."[211] [212]

Ergänzend sehen die Autoren Argote et al. Forschungsbedarf zu Mechanismen und Erfahrungssituationen, durch die Individuen ein tiefergehendes Verständnis ihrer Aufgabe erhalten.[213]

Dieser Forschungsbedarf leitet auf die zweite Perspektive der Forschungsfrage hin.

2. Welche Zusammenarbeitsformen eignen sich für Erfahrungswissenstransfer?

Böhle/Rose kritisieren das Zurückdrängen von Gelegenheiten für Erfahrungsaustausch aufgrund des Fortschreitens von Informations- und Kommunikationstechnologien, die Einfluss auf die Arbeitsweise haben. Bspw. ermöglicht eine Abstimmung mit Videokonferenz und Internet die virtuelle, ortsungebundene Teilnahme von Mitarbeitern bei Besprechungen. Allerdings bleibt die Frage offen, inwieweit ohne persönliche Anwesenheit gemeinsame Erfahrungen ausgetauscht und über das konkrete Arbeiten diskutiert werden kann, wenn das Körperliche fehlt oder das gemeinsame Nachdenken aufgrund des meist engen Zeitrahmens eher selten zugelassen wird.[214]

Einerseits benötigt die Produktionsplanung eine höhere Flexibilität, um auf kurzfristige Anforderungen schnell zu reagieren und sich schnell abzustimmen. Andererseits verhindern formale und vertikal geprägte Strukturen schnelle Abstimmungen. Hieraus ergibt sich die Herausforderung, wie organisationale Rahmenbedingungen gestaltet sein sollen, um Gelegenheiten für Erfahrungsaustausch zuzulassen. Andererseits stellt sich die Frage, wie sich der Erfahrungsaustausch in die bestehenden Arbeitsprozesse einfügen lässt. Porschen postuliert, dass sich aufgrund der Veränderungen des

[211] Böhle/Rose (1992), S. 185.

[212] Vgl. Böhle/Rose (1992), S. 185 f.: Bislang bestünde wenig Kenntnis über den Erfahrungsaufbau. Hinweise liefern die Autoren durch begünstigende Erfahrungsorte. Dazu zählen: Vorhandensein komplexer Arbeitssituationen im Arbeitsprozesses, Zusammenkünfte zwischen Fachexperten und Beteiligung der Fachexperten bei der Weiterentwicklung von Gesamtaufgaben, z.B. Produktionssystemen. Dies würde in der „technikorientierten und arbeitsorganisatorischen“ Praxis vernachlässigt.

[213] Argote/McEvily/Reagans (2003), S. 579.

[214] Vgl. Böhle/Rose (1992), S. 184: „Je mehr eine konkrete Arbeitssituation durch die Prinzipien der Technik- und Arbeitsgestaltung geprägt wird, umso stärker wird für die Arbeitskräfte eine erfahrungsgeleitete Arbeit erschwert.“

Arbeitsumfeldes neue Abstimmungserfordernisse ergeben, die neue Formen für Erfahrungsaustausch und den Transfer von Erfahrungswissen bedürfen.[215]

Hieraus leitet sich der dritte Forschungsfokus ab.

3. Welche Rahmenbedingungen fördern den Erfahrungswissenstransferin der Zusammenarbeit?

Die Autoren Bolte et al. erforschten Zusammenarbeitsformen in Hinblick auf Erfahrungswissenstransfer und fanden heraus, dass sich Kriterien, wie z.B. exploratives Vorgehen oder Selbststeuerung positiv auf den Erfahrungsaustausch und damit den Transfer auswirken. Allerdings sehen sie noch Forschungsbedarf in Bezug auf die Systematisierung der Rahmenbedingungen und Arbeitsformen.[216] „Somit gilt es der Frage nach den jeweils für verschiedene Aufgaben geeigneten Koordinations- und Kooperationsformen weiter nachzugehen. Dazu ist ein weitergehender Überblick zu vorhandene und eingesetzte Meetingformen[217] notwendig.“[218]

Die Forschungsarbeit erarbeitet wie in Abbildung 16 dargestellt Antworten zu gelingenden Situationen für Erfahrungswissenstransfer im und flankierend zum Arbeitsprozess der Produktionsplanung: Erstens soll festgestellt werden, in welcher Weise Erfahrungswissen zur Bewältigung der Aufgaben wirkt. Dann sollen Gelegenheiten und Formen der Zusammenarbeit identifiziert werden, die den Erfahrungswissensaustausch initiieren und damit den Transfer von Erfahrungswissen ermöglichen. Schließlich soll ein detaillierter Fokus auf förderliche Rahmenbedingungen für die Zusammenarbeit gelegt werden.

Zur Untersuchung der Beschaffenheit und Wirkung von Erfahrungswissen, knüpft die vorliegende Arbeit an das Konzept „Deep Smarts“[219] an. Für die Untersuchung der Potenziale von Abstimmungs- und Zusammenarbeitsformen für Erfahrungswissenstransfer werden die Konzepte „Kooperativer Erfahrungstransfer“[220] und „Informelle Kooperation“[221] in die Untersuchung einbezogen. Durch die Untersuchung sollen Ansätze zur

[215] Porschen (2008), S. 147 mit Bezug auf Deutschmann (2003), S. 486 f.
[216] Bolte/Neumer/Porschen (2008), S. 126 f.
[217] Meetingform wird in diesem Sinne synonym zu Zusammenarbeitsform gebraucht.
[218] Bolte/Neumer/Porschen (2008), S. 156.
[219] Leonard/Swap/Barton (2015), S. 25 ff.
[220] Porschen (2008), S. 177.
[221] Bolte/Neumer/Porschen (2008), S. 121 ff.

Beantwortung des geäußerten Forschungsbedarfes gefunden und neue, systematisierte Lösungen für Erfahrungswissenstransfer geliefert werden.

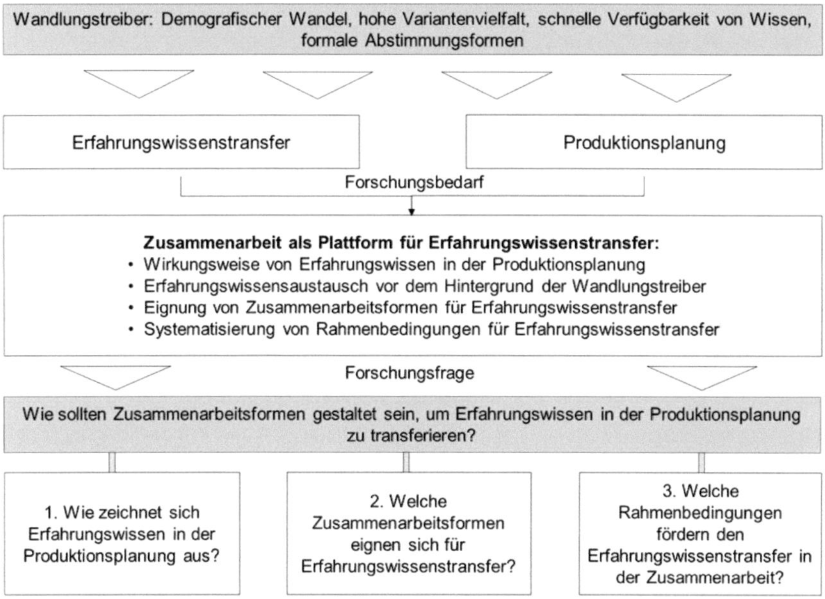

Abbildung 16: Forschungsgegenstand

Empirische Untersuchungen zu Erfahrungswissen wurden im Produktionsumfeld bislang mit Hilfe des Konzepts des subjektivierenden Arbeitshandelns durchgeführt. Der in Abschnitt 2.1.4 vorgestellte Deep Smart Ansatz[222] eignet sich ebenfalls als Analyseraster für Erfahrungswissen. Die vorliegende Arbeit entscheidet sich für diesen Ansatz aus drei Gründen:

1. Umfassen die Dimensionen gut verständliche Kategorien und Indikatoren, in die sich die Facetten von Erfahrungswissen systematisch einordnen lassen,

2. Beinhalten die Indikatoren praxisnahe Beschreibungen, die sich in die soziale Realität der handelnden Personen einfügt,

3. Wurde Erfahrungswissen aus dem Produktionsumfeld in der bestehenden Literatur durch dieses Konzept noch nicht aufbereitet und dessen Anwendung stellt daher eine Neuartigkeit dar.

[222] Leonard/Swap/Barton (2015).

Als Untersuchungsbeispiel bietet sich ein Kontext an, der durch eine hohe Veränderung, täglich neue Anforderungen sowie zugleich durch hohe Erfahrungswerte gekennzeichnet ist. Um den Fokus der Zusammenarbeit für Erfahrungswissenstransfer zu untersuchen, eignet sich zudem ein Bereich mit vielen Schnittstellen und Abstimmungen. Beide Voraussetzungen finden sich in der Produktionsplanung wieder.

Fokus Erfahrungswissenstransfer

Nach Szulanksi[223] besteht der personalisierte Wissenstransfer zumeist aus einem gegensätzlichen Wissenspaar: einem Wissensgeber und einem Wissensnehmer. Sowohl alte, junge, erfahrene oder unerfahrene Mitarbeiter können diese Rollen einnehmen. Die vorliegende Arbeit nimmt bei der Untersuchung zu Erfahrungswissenstransfer zwei Betrachtungswinkel ein.

Der erste Fokus bezieht sich auf die **Rolle des Wissensnehmers**, den in der Regel ein neuer Mitarbeiter darstellt. Durch geeignete Situationen und Rahmenbedingungen sollen Gelegenheiten identifiziert werden, die ein schnelles Erfahrungsmachen ermöglichen durch bspw. die Beobachtung des Verhaltens der Erfahrenen und der Einbettung in den eignen Erfahrungskontext. Der zweite Fokus liegt auf der **Nutzung des Erfahrungswissens**. Es sollen Initiierungszeitpunkte und förderliche Faktoren ermittelt werden, die Erfahrungswissen aus den Erfahrungsträgern lösen und somit transferierbar machen. Den Bezugsrahmen stellt die tägliche Arbeit mit ihren Arbeitsprozessen dar, weil der Erfahrungswissenstransfer gemäß der Auffassung zahlreicher Forschungsarbeiten dort den größten Mehrwert stiftet.

Erfahrungswissen und Handlungen, die zu einem Erfahrungswissenstransfer führen, sind in soziale Kontexte eingebettet. Daher empfiehlt sich für die Untersuchung ein sinnverstehender und offener Zugang zum Untersuchungsfeld.[224] Diesen Zugang ermöglichen qualitative Forschungsmethoden.

Zunächst wird der qualitative Forschungszugang vorgestellt und dann auf das Forschungsdesign eingegangen. Das Design bietet die Grundlage für einen empirisch fundierten und methodisch gültigen Untersuchungsrahmen der Forschungsfrage. Die Datenerhebung und -analyse mündet schließlich in konkrete Ergebnisse zur Beantwortung der Forschungsfrage, die anschließend diskutiert werden.

---

223 Szulanksi (1996), S. 27 ff.
224 Mey/Mruck (2009), S. 100.

3. Forschungsdesign

Um die Forschungsfrage zu beantworten, bedarf es der geeigneten Forschungsmethodik. Sie dient als Instrument, um den Forschungsgegenstand zu untersuchen. Die Wahl der Forschungsmethodik ist abhängig von der Forschungsfrage. Sie wirkt sich auf den Gang der Untersuchung und damit auf die Güte der Ergebnisse aus. An dieser Stelle werden zwei unterschiedliche Forschungsmethoden vorgestellt und anschließend begründet, warum der qualitative Forschungsansatz für die Beantwortung der Forschungsfrage als geeignet erscheint.

3.1. Forschungsansätze

In der empirischen Sozialforschung existieren zwei unterschiedliche Ansätze/Methoden: Der quantitative Ansatz, der sich aus der positivistischen Forschungstradition[225] ableitet und der qualitative Ansatz, der dem sozialen Konstruktivismus zugeordnet ist.[226] Der Positivismus mit naturwissenschaftlichem Ursprung erklärt die soziale Realität objektbezogen, der soziale Konstruktivismus subjektbezogen, d.h. im Mittelpunkt steht das Verstehen und Interpretieren handelnder Personen.[227]

Im qualitativen Ansatz wird der Forschungsfortschritt durch die Generierung von Hypothesen erzielt. Sie entstehen durch ein grundlegendes Verständnis für den Anwendungsfall. Die Forschung verläuft prozessual und offen, d.h. die Fragenformulierung an das Untersuchungsfeld geschieht in offener, nicht determinierter Weise. Dies ermöglicht dem Forschenden, Neues zu entdecken und Antworten zu erhalten, die vorher nicht vorstrukturiert oder vorgedacht wurden.[228]

Der Prozess erstreckt sich zumeist über längere Zeiträume, in denen der Forschende in die Lebenswelt des Untersuchungsbereiches eintaucht. Diese Kontextbezogenheit ist notwendig, um verschiedene Perspektiven einzunehmen und Hintergrundwissen zu sammeln.[229]

Zumeist werden mehrere Analyse-Einheiten[230] betrachtet, da Zusammenhänge, die zur Entstehung des untersuchten Phänomens führen, aufgedeckt werden sollen. Um ein

[225] Comte (1853), S. 1 ff.
[226] Berger/Luckmann (1966), S. 19 ff.
[227] Vgl. Lamnek (2010), S. 218; Vgl. Easterby-Smith/Jackson (2012), S. 23 f.
[228] Vgl. Becker/Gerdes (1979), S. 159.
[229] Vgl. dazu auch Mey/Mruck (2009), S. 100.
[230] Es können unterschiedliche Ebenen (z.B. Individuum, Gruppen, Organisationen) oder Akteure (z.B. Mitarbeiter, Führungskräfte, Betriebsräte) der Organisation betrachtet werden.

Tabelle 5: Gütekriterien qualitativer Forschung[240]

Kriterium	Ausprägung im Forschungsprozess
Verfahrens-dokumentation	Der Forschungsprozess wird in Form von Audiodateien, Transkriptionen und elektronischen Datenanalysetools mit Textspeicherung dokumentiert.
Argumentative Interpretationsabsicherung	Die Dokumentationen sind nachvollziehbar. Mit Hilfe von Memos und Datengrafiken wurden Zusammenhänge zwischen einzelnen Phänomenen festgehalten.
Regelgeleitetheit, sinnvolle Analyseschritte	Bei der Datenerhebung und -auswertung wurden systematische Verfahrensschritte eingehalten, z.B. wurden zuerst Interviews geführt, dann eine Clusterung des Materials vorgenommen.
Natürliches Umfeld, Nähe zum Gegenstand	Die Nähe zum natürlichen Umfeld der Betroffenen und ihrem Relevanzsystem wurde damit genüge getan, dass die Relevanzsetzung durch die Interviewten vorgenommen wurde (z.B. durch offenes Fragen). Die teilnehmende Beobachtung und Gruppendiskussionen unterstützen den Prozess.
Kommunikative Validierung	Die Betroffenen wurden mit der Interpretation der Daten des Forschenden konfrontiert (Gruppendiskussion), was eine Rückkopplung der Forschungsergebnisse im Dialog darstellt.
Triangulation	Verschiedene Methoden, Datenquellen und Interpreten tragen bei, die untersuchten Phänomene gründlicher und abgesicherter zu erfassen. Die Verwendung von Interviews, teilnehmende Beobachtung, Dokumentenanalyse und die Gruppendiskussion erfüllt dieses Kriterium.
Generalisierbarkeit	Die gewonnenen Erkenntnisse sollen repräsentativ, d.h. übertragbar sein. Dies geschieht durch Abstraktion. Sie findet durch Typenbildung statt, d.h. Wesentliches, Relevantes wird herauskristallisiert, komplexe Sachverhalte werden in ihrer Ganzheitlichkeit belassen.[241][242]

3.3. Forschungsethik

Nach Helfferich sind forschungsethische Prinzipien im Forschungsprozess einzuhalten, die sich in der Hauptsache auf den Datenschutz und die Einwilligung der Befragten oder Beobachteten beziehen.[243] Grundlage hierfür ist das Datenschutzgesetz (§4)[244] sowie der Ethik-Kodex der Deutschen Gesellschaft für Soziologie (§2 Rechte der Probandinnen und Probanden)[245].

Zur Einwilligung gehört, dass die Erzählpersonen/Beobachteten informiert darüber sind, was mit Ihren Aussagen geschieht. Zudem nehmen die Erzählpersonen freiwillig

240 in Anl. an Lamnek (2010), S. 131 f.
241 Lamnek (2010), S. 166 f.
242 Brüsemeister (2008), S. 58 „Bei der Frage der Generalisierbarkeit von Befunden aus Einzelfallstudien wird oftmals die Konstruktion (..) Besonderes-Allgemeines bemüht. Dabei geht man davon aus, dass Einzelfallergebnisse in größere soziale Zusammenhänge eingebettet sind, dass Beschreibungen und Erklärungen der kleineren sozialen Einheit auf größere soziale Zusammenhänge verweisen."
243 Helfferich (2009), S. 190.
244 Bundesministerium der Justiz und für Verbraucherschutz (1990), S. 5 f.
245 Deutsche Gesellschaft für Soziologie (2017), S. 2 f.

teil. Durch die Forschung darf ihnen kein Nachteil entstehen. Hierzu soll den Interviewten eine schriftliche Einwilligungserklärung vorgelegt werden, die den Zweck der Forschung, die Verarbeitungsprozesse der Daten, Hinweise zur Löschung sowie die Möglichkeit des jederzeitigen Widerrufs beinhalten.[246] Ferner ist das Prinzip der Anonymisierung gem. §3 BDSG einzuhalten: personenbezogene Daten dürfen nicht mehr zugeordnet werden können.[247]

In der vorliegenden Arbeit wurden die Prinzipien eingehalten. Zu jedem Interview-Bogen liegt eine schriftliche Einwilligungserklärung der Befragten/Beobachteten vor.

3.4. Einzelfallstudie

Als Untersuchungsmethode wurde die Einzelfallstudie ausgewählt. Sie bildet den Rahmen für die Anwendung unterschiedlicher, qualitativer Methoden, um eine valide Datenbasis und -auswertung zu erhalten. In dieser Arbeit wird diesem Ansatz mit holistischer Herangehensweise, also der möglichst umfassenden Untersuchung eines spezifischen Phänomens gefolgt: Das Erfahrungswissenstransfer (Phänomen) in der Produktionsplanung (Kontext).[248]

Nach Yin bietet die Fallstudie Optionen zur tiefergehenden Untersuchung eines Phänomens in seinem realen Kontext, insbesondere wenn die Zusammenhänge zwischen Phänomen und Kontext nicht klar sind.[249] Aufgrund der unterschiedlichen Aspekte zur Erfassung eines Phänomens empfehlen Yin und weitere Autoren die Anwendung mehrerer Methoden (siehe Tab. 5, Triangulation).[250]

Der Forschungsprozess der Einzelfallstudie durchläuft gemäß Lamnek drei Phasen: Populationswahl, Datenerhebung und Datenauswertung. Mit der **Populationswahl** wird die Repräsentativität der Stichprobe angestrebt. Diese sollte so verteilt sein wie die Grundgesamtheit. Zudem sollte die Wahl der Untersuchungseinheit darauf abzielen, das Ziel der Forschung zu erfüllen.

---

[246] Vgl. Helfferich (2009), S. 190 f.
[247] Bundesministeriums der Justiz und für Verbraucherschutz (1990), S. 4 f.
[248] Vgl. Lamnek (2010), S. 282, 272.
[249] Yin (2009), S. 18.
[250] Yin (2009), S. 18, 54; Lamnek (2010), S. 273; Eisenhardt (1989), S. 534 f.

Die **Datenerhebung** kann durch verschiedene Methoden und natürliche Erhebungssituationen geschehen: Offene, narrative Interviews[251], teilnehmende Beobachtung[252], Gruppendiskussionen[253] oder Dokumentenanalysen zählen dazu.

Mit Hilfe des erhobenen Materials werden bei der **Datenauswertung** theoretische Konzepte entwickelt. Hierfür eignen sich bspw. Kategorienschemata, die Ursache-Wirkungszusammenhänge des spezifischen Falls aufdecken (typisieren).[254] Die folgende Übersicht zeigt die Erhebungs- und Auswertungsmethoden der vorliegenden Arbeit.

Tabelle 6: Verwendete Datenerhebungsmethoden

Erhebungsmethode	**Beschreibung**	**Datenauswertung**	**Ziel der Erhebung**
Narrative Interviews (20)[255]	- Leitfaden - Transkription der Audiodateien	- Grounded Theory Methode - Offenes, theoriegeleitetes Kodieren	- Verständnis über die Strukturen und Arbeitsprozesse - Verständnis über die Wirkung des Erfahrungswissens im Arbeitsprozess - Verständnis über Wirkungszusammenhänge zwischen Erfahrungswissenstransfer und Zusammenarbeitsformen - Erwerb von Erfahrungswissen
Teilnehmende Beobachtung	- Beobachtung von Besprechungen	- Interpretation - Protokollierung	- Verständnis über Zusammenarbeitsformen - Beobachten von Vorgängen, z.B. Problembesprechungen
Gruppendiskussion und Workshop (3)	- Besprechung von Meinungen zu Ergebnissen - Diskussion von Fragen - Einbringen von Ideen	- Protokollierung und Auswertung des Materials (z.B. Flipcharts, Metaplankarten) - Clusterung der Ergebnisse	- Reflektion und Diskussion über die Ergebnisse aus den Interviews und Beobachtung
Dokumentenanalyse	- Dokumente, z.B. Prozess-Handbücher, Einarbeitungspläne, Zeichnungen	-	- Verständnis über die Strukturen und Arbeitsprozesse - Verständnis über Arbeitsgegenstände - Kontextualisierung

Das hauptsächliche Datenmaterial stammt aus den narrativen Interviews. Daher soll an dieser Stelle auf mögliche Fehlerquellen bei der Datenerhebung durch die Interviewmethode eingegangen werden.[256]

[251] Vgl. Gläser/Laudel (2010), S. 41 f., 340: Diese Interviewform wird durch eine offene Fragestellung eingeleitet, die der Interviewpartner mit einer längeren Erzählung beantworten soll. Darauf folgen Nachfragen des Interviewers, wodurch weitere Erzählungen angeregt werden.

[252] Lamnek (2010), S. 572 ff.

[253] Vgl. Lamnek (2010), S. 379, 398.

[254] Vgl. Lamnek (2010), S. 286 ff., 300.

[255] Die Zahl in der Klammer enthält die Information über die Dauer der eingesetzten Methode oder Anzahl der befragten Erzählpersonen.

[256] Helfferich (2009), S. 154 ff.

- Die Wahl der Frageformulierung im Interview beeinflusst die Antwortgüte: Durch unpräzises Erläutern des Ziels und Gegenstandes des Interviews wird unter Umständen von einer anderen Thematik ausgegangen und unpräzise Antworten folgen. Hierbei unterstützt ein vorheriges Erläutern des Zieles des Interviews sowie der zentralen Begrifflichkeiten.
- Hieran knüpft sich der Vertrauensaufbau und der Erfahrungshintergrund des Interviewers und der Erzählpersonen. Schafft der Interviewer es nicht, eine kognitive Nähe oder Vertrauen aufzubauen, hat dies einen Einfluss auf die Antworttiefe und den Zugang zur „wirklichen" Lebenswelt.[257]

Die Auswertung der Interviews erfolgt durch die **Grounded-Theory-Methode**[258]. Die Methode wurde gewählt, weil sie Vorteile für die Untersuchung des Phänomens Erfahrungswissenstransfer bietet. Diese werden im nächsten Abschnitt erklärt.

3.5. Grounded Theory Methode

Die Besonderheit der Grounded Theory Methode ist die Wechselseitigkeit zwischen Datenerhebung und Datenauswertung. Mey/Mruck bezeichnen dies als **Theoretisches Sampling**: Auf die erste Erhebung folgt die erste Auswertung, um mit den Erkenntnissen wieder ins empirische Feld zu gelangen – auf der Suche nach theoretischer Relevanz und Möglichkeit zur Verdichtung der gewonnenen Konzepte.[259] Der parallel ablaufende Prozess von Datenerhebung und -auswertung erlaubt es, die gewonnenen Erkenntnisse aus ersten einzelnen Fällen, zu analysieren und das gewonnene Wissen in den nächsten Fall „mitzunehmen". Dies kann sogar eine Anpassung von Fragen bedeuten, sofern in den ersten Interviews eine Relevanzsetzung der Erzählpersonen geschieht, die bislang als nebensächlich betrachtet wurde.

Memos unterstützen die Daten zu reflektieren und Hinweise aufzunehmen.[260] "Während der Kodierarbeit werden die Daten (..) "aufgebrochen", (..) „es geht um das Dahinterliegende, nicht um eine Wiedergabe (..) im Sinne einer einfachen (..) Beschreibung."[261] Aus den generierten Daten werden Kodes, Kategorien und Konzepte entwickelt, die permanent miteinander verglichen werden.[262] Die folgende Abbildung zeigt

---

[257] Vgl. Helfferich (2009), S. 159 f.
[258] Glaser/Strauss (1967), S. 1 ff.
[259] Vgl. Mey/Mruck (2009), S. 110.
[260] Vgl. Mey/Mruck (2009), S. 108 ff.
[261] Mey/Mruck (2009), S. 109.
[262] Vgl. Mey/Mruck (2009), S. 109.

das Wechselspiel zwischen Datengewinnung, Analyse und Auswertung: Das Theoretische Sampling.

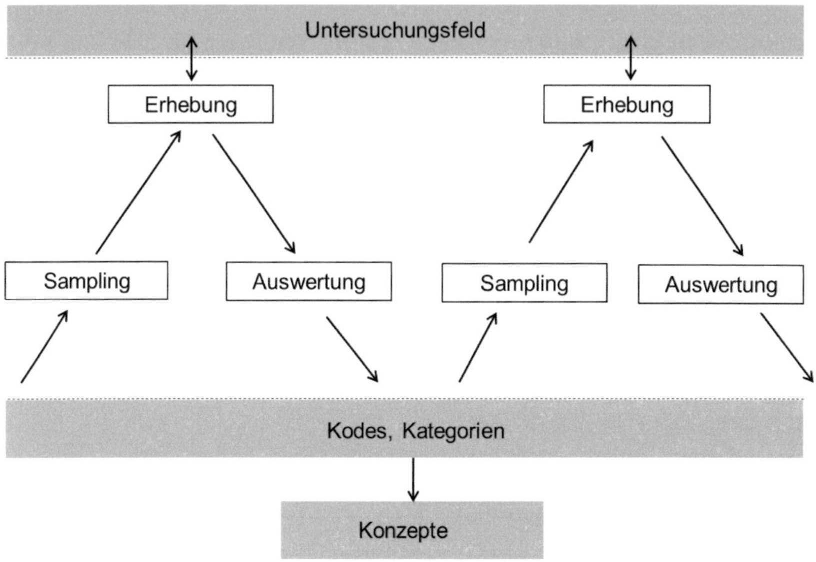

Abbildung 18: Theoretisches Sampling[263]

Saturierung

Wenn die erneute Erhebung oder Betrachtung von Daten keinen neuen Erkenntnisgewinn bringt, spricht man von Theoretischer Saturierung (Sättigung), d.h. die Datenerhebung wird beendet. Im Durchschnitt benötigen Forscher 20-30 Interviews, die durch Beobachtungen und Aktivitäten im Untersuchungsfeld angereichert werden, um die "Sättigungsgrenze" zu erreichen.[264]

Kodierprozess

Für die Datenauswertung wird ein dreistufiger Kodierprozess[265] durchlaufen: Offenes Kodieren, Axiales Kodieren und Selektives Kodieren.

Creswell beschreibt den Kodierprozess folgendermaßen: „The researcher begins with open coding, coding the data for its major categories of information. From this coding,

[263] In Anl. an Mey/Mruck (2009) S. 111.
[264] Vgl. Creswell (2007), S. 64
[265] Der Kodierprozess wurde mittels Softwaretool für qualitative Datenanalyse (MAXQDA Standard 12 (Release 12.3.1, Build 170224) durchgeführt.

axial coding emerges in which the researcher identifies one open coding category to focus on (called the "core" phenomenon), and then goes back to the data and create categories around this core phenomenon. The final step is selective coding, in which the researcher takes the model and develops propositions (or hypotheses) that interrelate the categories in the model.[266]

Ziel des Kodierprozesses ist demnach die Daten zu clustern, zu ordnen und für das zentrale Phänomen Relationen herzustellen. Hierzu kann das Kodierparadigma verwendet werden.[267]

Kodierparadigma

Das Kodierparadigma dient dazu, die Ursachen, Kontexte, Bedingungen, Strategien und Konsequenzen des untersuchten Phänomens aufzudecken. Dafür werden die Kodes und Subkodes aufeinander bezogen (siehe folgende Abbildung).

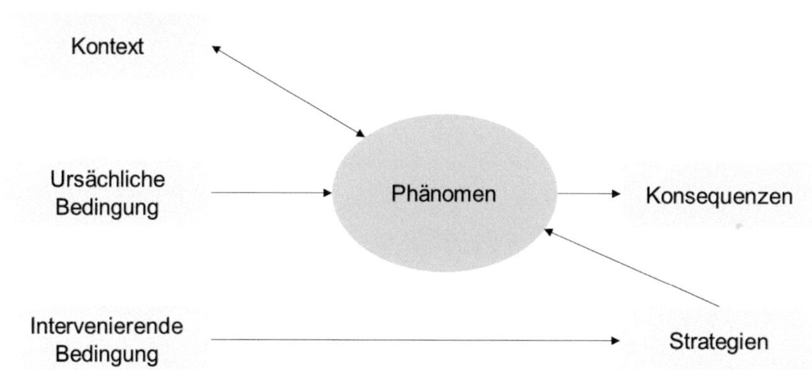

Abbildung 19: Kodierparadigma[268]

Unidirektionale Pfeile in der Abbildung sind zu lesen als "daraus folgt" oder "beeinflusst", wobei eine größere Pfeilstärke auf eine größere Bewährung des Zusammenhangs verweist. Bidirektionale Pfeile stehen für eine wechselseitige Beeinflussung.[269]

---

[266] Creswell (2007), S. 64 f.
[267] Vgl. Mey/Mruck (2009), S. 114 f., 127.
[268] Corbin/Strauss (1990), S. 13; Mey/Mruck (2009), S. 131.
[269] Mey/Mruck (2009), S. 132.

- Als **Intervenierende Bedingung** gelten strukturelle Einflussfaktoren, wie z.B. soziale oder soziodemografische Merkmale.
- Als **Kontext** sind Einflüsse zu verstehen, die Handlungen, in welchen sich das Phänomen zeigt, strukturieren.
- **Strategien** sind Techniken, die das Phänomen hervorbringen.
- **Konsequenzen** sind Resultate, die sich wegen bestimmter Handlungen und Interaktionen ergeben.[270]

Das **„Phänomen"** in dieser Forschungsarbeit ist der Erfahrungswissenstransfer. Im Rahmen der Datenanalyse wurde herausgefunden, dass Erfahrungswissenstransfer vor allem in der Zusammenarbeit im Arbeitsprozess (**Strategien/Technik**) entsteht und in dieser Situation das Erfahrungswissen von der Person gelöst und expliziert werden kann, z.B. in Form von Worten oder Handlungen (**Konsequenz**). Je nach Zusammenarbeitsform (**Handlungskontext**) und Rahmenbedingungen der Zusammenarbeit (**Intervenierende Bedingung**) gelingt der Erfahrungswissenstransfer besser oder schlechter.

Nach Lamnek beinhalten das theoretische Sampling und der Kodierprozess folgende Problematiken[271]:

- Der „Saturierungszeitpunkt" der Daten ist individuell wählbar und statistisch nicht abgesichert (die Angabe von 20-30 Interviews entspricht subjektiver Erfahrung).
- Eine Konzeptgenerierung ohne theoretische Voraussetzung und Vorwissen ist nicht möglich.
- Der Anspruch aus qualitativen Daten eine Theorie zu entwickeln hält den Messkriterien quantitativer Forschung nicht stand.
- Das Ergebnis der Grounded Theory Methode kann enttäuschend sein, wenn der Forschende bestehende Theorien oder Konzepte nur repliziert oder es keine klaren Muster und Interdependenzen in den Daten gibt.[272]
- Das Verwenden synonymer Worte, die im Sinne des Interviewten das Gleiche bedeuten können im Kodierprozess schwieriger zu analysieren und zu interpretieren sein.

---

[270] Mey/Mruck (2009), S. 130.
[271] Vgl. Lamnek (2010), S. 94 ff.
[272] Eisenhardt (1989), S. 545.

Fazit

Die Autoren Mey/Mruck betrachten die Wahl qualitativer Forschungsmethoden als sinnvoll, wenn der Forschungsgegenstand in seiner Komplexität erhalten bleiben soll oder die Einzelfallbezogenheit im Vordergrund steht.[273] Beide Kriterien treffen in der vorliegenden Arbeit zu:

1. Das untersuchte Phänomen „Erfahrungswissenstransfer in der Produktionsplanung" ist insofern komplex, weil verschiedene Organisationsebenen, Prozesse, Zusammenarbeitsformen und Einflussfaktoren im Zusammenwirken betroffen sind und analysiert werden.

2. Die Einzelfallbezogenheit liegt ebenfalls vor, denn die qualitative Untersuchung betrachtet einen spezifischen Fall. Die Beschränkung auf ein Untersuchungsobjekt ermöglicht eine intensive Analyse des Datenmaterials. Dies hat einen positiven Einfluss auf die Ergebnistiefe, die sich nuancenreicher darstellt.

Die Grounded Theory Methode eignet sich, wenn die Beantwortung der Forschungsfrage eines Phänomens auf der Grundlage des gegenwärtigen Wissensstandes nicht möglich ist.[274]

Die vorliegende Forschungsarbeit sucht nach Antworten zu gelingenden Situationen für Erfahrungswissenstransfer im Arbeitsprozess der Produktionsplanung. Durch die Einzelfallstudie wird untersucht, wie sich Erfahrungswissen im besonderen Fall der Produktionsplanung zeigt. Schließlich werden Zusammenarbeitsformen in der Produktionsplanung als potenzielle „Plattform" für Erfahrungswissenstransfer untersucht und herbei Situationen für einen gelingenden Erfahrungswissenstransfer identifiziert.

[273] Mey/Mruck (2009), S. 100.
[274] Vgl. Creswell (2007), S. 66.

4. Transfer von Erfahrungswissen im Arbeitsprozess der Produktionsplanung

Das empirische Untersuchungsfeld der vorliegenden Forschungsarbeit ist ein Automobilhersteller (Original Equipment Manufacturer[275]). Der Untersuchungsbereich innerhalb der Untersuchung ist die Produktionsplanung. Die Produktionsplanung stellt die Schnittstelle zwischen Entwicklung und Produktion dar. Sowohl von Seiten der Beschäftigten der Produktionsplanung als auch des Gesamtbetriebsrates des Unternehmens wurde der Untersuchung zugestimmt.

Durch den Forschungsprozess der Einzelfallstudie soll ein Verständnis entwickelt werden, wie Zusammenarbeit in der Produktionsplanung funktioniert, um daraus Gelegenheiten für den Transfer von Erfahrungswissen abzuleiten. Die Besonderheit dieser Fallstudie zeigt sich durch den Produktionsplanungskontext.

Als Einstieg in die Fallstudie werden die soziodemografischen Merkmale der Produktionsplanung vorgestellt. Anschließend wird der Forschungsgegenstand anhand von drei Aspekten untersucht, die aufeinander aufbauen.

Der erste Teil befasst sich mit der **Wirkungsweise von Erfahrungswissen** in der Produktionsplanung und untersucht, wie dieses Wissen eingesetzt wird, um die Planungsaufgaben vor dem Hintergrund der Wandlungstreiber zu bewältigen. Durch eine Aufgaben- und Arbeitsprozessanalyse wird das tägliche Arbeitsumfeld der Produktionsplanung beleuchtet und die Wirkungsweise des Erfahrungswissens analysiert.

Der zweite Teil untersucht, wie die Abstimmung und die **Zusammenarbeit** in den **Arbeitsprozessen** der Produktionsplanung gestaltet sind und inwiefern sich diese für einen Erfahrungswissenstransfer eignen.

Der dritte Teil der Untersuchung richtet einen systematischen Blick auf die vorher identifizierten Zusammenarbeitsformen für Erfahrungswissenstransfer. Geprüft werden **Situationen und Rahmenbedingungen**, die sich für einen **Erfahrungswissenstransfer** als **vorteilhaft** erweisen. Dabei liegt der Fokus auf organisatorisch-strukturellen Rahmenbedingungen.

---

[275] Gabler Wirtschaftslexikon: Erstausrüster, Abnehmer von Hardwarekomponenten, die ein anderer Hardwarehersteller (Zulieferer) gefertigt hat. Der Original Equipment Manufacturer (OEM) baut die Hardwarekomponenten in seine Produkte ein und verkauft diese unter eigenem Namen, URL siehe Literaturverzeichnis.

Soziodemografische Merkmale

Der Automobilhersteller ist in fünf Geschäftsfelder aufgeteilt. Der Konzernumsatz beträgt im Geschäftsjahr 2016 über 150 Mrd. €. Das Unternehmen beschäftigt im Geschäftsjahr 2016 (Stichtag 31.12.2016) weltweit über 250.000 Mitarbeiter, wovon rund 60% in Deutschland arbeiten. Das Durchschnittsalter der Belegschaft in Deutschland beträgt zum Stichtag 44,2 Jahre.

Der untersuchte Bereich gehört zur Produktionsplanung „Antriebsstrang", welcher wiederum dem Geschäftsfeld Pkw zugeordnet ist. Im Untersuchungsfeld arbeiten im Erhebungszeitraum 352 Produktionsplaner.

Die „Produktionsplanung Antriebsstrang" befasst sich mit der Produzierbarkeit der Komponenten[276] Motor, Getriebe, Triebstrangkomponenten (z.B. Kupplung), Achsen sowie fahrzeugspezifische Adaptionsteile (z.B. Dämpfungselemente) und Steuergeräte (Hard- und Software).[277] Dabei verantwortet dieser Bereich die produktionsseitige Entwicklung der Komponenten bis zur Serienreife[278]. Die Produktionsplaner sind organisatorisch entlang der Komponenten Getriebe, Achse und Motor zugeteilt.

In der Untersuchung wurden 20 Produktionsplaner befragt, was einer Stichprobe von 5,68 % entspricht. Die Auswahl zeigt ein verkleinertes Abbild der Grundgesamtheit (352 Produktionsplaner) aller Mitarbeiter- und Altersgruppen sowie Arbeitsbereiche. Alle befragten Personen verfügen über einen technischen Ausbildungshintergrund: Entweder ein ingenieurwissenschaftliches Studium oder eine technische Aus- oder Weiterbildung mit Produktionsbezug.

Der Altersdurchschnitt beträgt 41,8 Jahre. Auffällig ist die lange Betriebszugehörigkeit von durchschnittlich 17 Jahren. Dies hängt damit zusammen, dass Stellenwechsel fast ausschließlich innerbetrieblich vorgenommen werden. Die langen Einsatzzeiten im Produktionsumfeld sprechen zudem für ein großes Erfahrungswissen, das sich die Produktionsplaner aufgebaut haben.

---

276 Im Folgenden werden die Begriffe Komponente und Produkt synonym verwendet. Aus Sicht der Produktionsplanung handelt es sich bei Komponenten um Produkte, die hergestellt werden.

277 Vgl. Borrmann et al. (2012), S. 14.

278 Mit der Serienreife wird die Serienumsetzbarkeit der technischen Konzepte auf Basis digitaler Berechnungsmodelle und Versuchen bestätigt (eigene Erhebung).

Da der Fokus der Arbeit auf der Analyse des Erfahrungswissens liegt, wurde eine höhere Anzahl erfahrener Mitarbeiter in die Untersuchung einbezogen. Als erfahren gelten in der vorliegenden Arbeit Personen, die länger als fünf Jahre auf einer Stelle arbeiten. Als neue Planer werden Mitarbeiter mit bis zu zwei Jahren Berufserfahrung auf einer Stelle bezeichnet.

Folgende Grafik gibt einen Überblick zu den soziodemografischen Merkmalen (Altersverteilung, Geschlecht, Betriebszugehörigkeit), den Job-Funktionen sowie den Mitarbeitergruppen aus den befragten Produktionsplanungsbereichen.

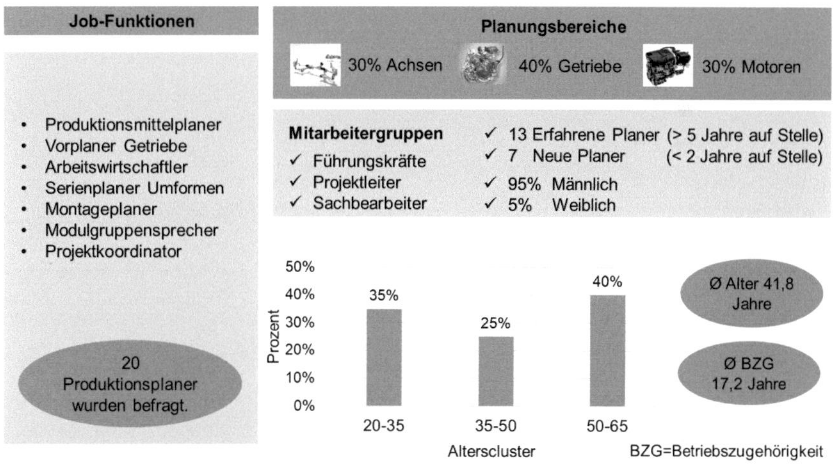

Abbildung 20: Soziodemografische Merkmale des Untersuchungsbereiches

Erhebungsmerkmale

Das Haupt-Datenmaterial stammt aus 20 narrativen Interviews.[279] Die Interviews wurden nach vorheriger, schriftlicher Genehmigung als Audiodatei aufgezeichnet und anschließend transkribiert. Voraussetzung für die Zustimmung der Interviewpartner war die Zusicherung der Vertraulichkeit im Umgang mit den Interviewdaten.[280] Dies wird durch eine Anonymisierung der zitierten Gesprächspassagen gewährleistet.

Aus den insgesamt 250 Seiten Transkription werden zur Darstellung des Erfahrungswissens und dessen Transfers in den Arbeitsprozessen und Kontexten der Produkti-

279 Siehe dazu Kapitel 3 Forschungsdesign, insbesondere Abschnitt 3.4 und 3.5.

280 Hierzu zählt auch die Löschung der Audiodateien, wenn sie für den Forschungsprozess nicht mehr benötigt werden.

onsplanung jeweils Interviewpassagen vorgestellt, die sich als besonders exemplarisch und nachvollziehbar erwiesen.

Die Ergebnisse wurden den Teilnehmern in zwei Gruppendiskussionen zurückgespiegelt. Dadurch flossen weitere Erkenntnisse und Ergänzungen in die Forschungsergebnisse ein.

Die folgende Ergebnisdarstellung basiert auf der Verdichtung aller generierten Daten (Interviews, teilnehmende Beobachtungen, Gruppendiskussion). Unterstützt wurde die Auswertung durch das Softwaretool zur qualitativen Datenanalyse MaxQDa[281].

Die Ergebnisse werden entlang der vier Aspekte vorgestellt:

- Arbeitsumfeld Produktionsplanung (Abschnitt 4.1)
- Erfahrungswissen in der Produktionsplanung (Abschnitt 4.2)
- Erfahrungswissenstransfer durch Zusammenarbeit (Abschnitt 4.3)
- Rahmenbedingungen für Erfahrungswissenstransfer (Abschnitt 4.4).

4.1. Arbeitsumfeld Produktionsplanung

Das Arbeitsumfeld der Produktionsplanung kann mit Hilfe der Arbeitsorganisation und der Arbeitsprozesse gut beschrieben werden. Die Arbeitsprozesse der Produktionsplanung sind in eine formale Arbeitsorganisation eingebettet und werden durch den Fahrzeugentstehungsprozess gesteuert. Neben den „vorgegebenen“ Abläufen und Organisationsstrukturen strömen innere und äußere Einflüsse - sogenannte Wandlungstreiber - ein, welche Einfluss auf die Arbeitsprozesse nehmen. Sie erhöhen die Komplexität der Aufgaben und die Abstimmung in den Arbeitsprozessen. Dies hat Auswirkungen auf den Erfahrungswissenstransfer.

Ziel des vorliegenden Abschnitts ist die Vermittlung des Arbeitskontextes der Produktionsplanung. Dabei wird das Spannungsfeld zwischen den kurzfristigen Veränderungen – ausgelöst durch die Wandlungstreiber – und den gewachsenen Strukturen in der Produktionsplanung aufgezeigt. Darauf aufbauend werden die Vorteile und Nachteile für den Erfahrungswissenstransfer erschlossen.

281 Version: MAXQDA Standard 12 (Release 12.3.1, Build 170224).

4.1.1. Arbeitsorganisation und Arbeitsprozesse

Die Arbeitsorganisation der Produktionsplanung ist als Matrix-Projektorganisation angeordnet. Hierbei wird die Projektarbeit mit den regulären Linienaufgaben verknüpft, d.h. die klassische Verrichtungsorganisation wird um Produkt- oder andere Querschnittsdimensionen erweitert.[282] Bspw. arbeitet ein Produktionsplaner gleichzeitig in unterschiedlichen Projekten mit.

Die Aufgaben der Produktionsplanung sind beschrieben durch Planungsrichtlinien, Prozessmodelle und Herstellungsverfahren. Die Arbeitsprozesse sind eng mit dem Fahrzeugentstehungsprozess verknüpft. Die folgende Abbildung zeigt die Einbettung der Produktionsplanung (unterteilt in Vorplanung und Serienplanung) in den Fahrzeugentstehungsprozess.

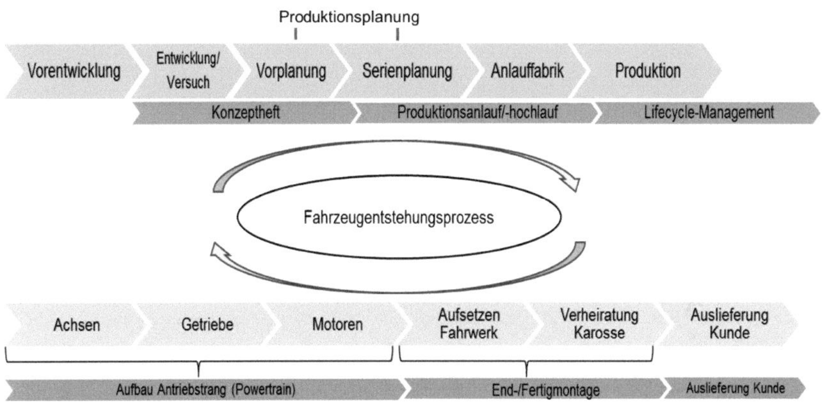

Abbildung 21: Fahrzeugentstehungsprozess

Der Fahrzeugentstehungsprozess wird prozessseitig umklammert von den Funktionsbereichen Entwicklung, Produktionsplanung und Produktion und durchläuft verschiedene Herstellungsstufen. Nach der Produktion des Antriebsstrangs wird dieser auf das Fahrwerk aufgesetzt und durch die Fahrzeugkarosse komplettiert. Das Endprodukt ist ein fertiges Automobil, das nach den Wünschen des Endkunden hergestellt wurde.

Inhaltlich übergibt die Entwicklungsabteilung ein Projekt (z.B. eine neue Motorenvariante) an die Produktionsplanung, sobald das Konzeptheft beschlossen ist. Das Konzeptheft beschreibt die Rahmenbedingungen, z.B. die Kundengruppe oder technische

[282] Vgl. Schreyögg/Geiger (2016), S. 88, 100.

Konzepte zum Produkt.[283] Die Produktionsplanung befasst sich dann mit der Produzierbarkeit des Produktes im Stadium der „Vorplanung“. Wenn die Produktionskonzepte ausgearbeitet sind, werden diese an den Verantwortungsbereich „Serienplanung“ übergeben, der sich mit der Ausplanung der personellen und technischen Kapazitäten bis zum „Anlauf“ und zum Produktionsstart befasst. Wenn die Anlaufphase überstanden ist, mündet das Projekt in den „Lifecycle“, in dem die Stückzahlen sukzessive erhöht werden. Auch wenn das „Seriengeschäft“ reibungslos und stabil verläuft, müssen aufgrund von Neuprodukten, Produktanpassungen oder Produktionsverlagerungen Prozesse immer wieder neugestaltet und adaptiert werden.

Als Beispiel für ein Neuprodukt dient eine neue Motorenvariante. Das Produktkonzept enthält bestimmte Zielwerte, die z.B. den Verbrauch oder die Leistung betreffen. Die Werte orientieren sich am Vorgängerprodukt und sollen dessen Werte verbessern. Um die Zielwerte zu erreichen, arbeitet die Entwicklungsabteilung neue Konstruktionskonzepte aus. Zumeist werden Veränderungen vorgenommen, die nicht 1:1 mit den davor verwendeten Produktionsmitteln hergestellt werden können.

Die Produktionsplanung hat daher die Aufgabe, die bestehenden Produktionsprozesse auf das neue Produkt anzupassen. Hierzu gehört nicht nur die Vergabe von neuen Bauteilen über den Einkauf und Lieferanten, sondern auch die Abstimmung mit der Qualitätsabteilung und der Produktion zu Fertigungs- und Montageprozessen. Um eine zuvor beschriebene Neuproduktplanung erfolgreich durchzuführen, können bis zu 55 Entscheidungsprozesse tangiert sein. Hierbei handelt es sich zumeist um Abstimmungen in Gremien, die aus unterschiedlichen Funktionsbereichen zusammengesetzt sind.

Die folgende Schnitt-Zeichnung eines Getriebes soll die Komplexität der Zusammenarbeit verdeutlichen. Bereits kleine Veränderungen eines Bauteils im Getriebe wirken sich häufig auf andere Bauteile und Prozesse aus, die wiederum mit den zuständigen Stellen in der Arbeitsorganisation abgeklärt werden müssen.

[283] Eigene Erhebung (2017)

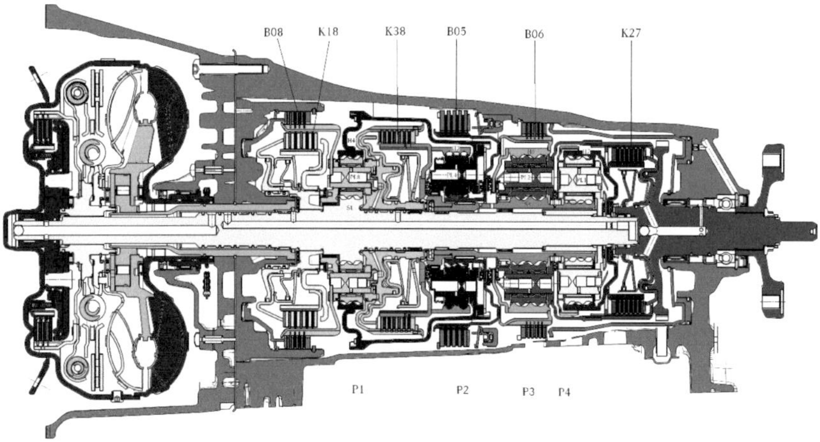

Abbildung 22: Schnitt Automatikgetriebe[284]

Das nächste Beispiel gibt Einblicke in eine Produktanpassung. Es handelt sich um eine Komponente, die sich in der Serienproduktion als fehlerhaft erwiesen hat. Hierbei geht es um die Änderung der Radnabe. Das Beispiel verdeutlicht die Komplexität der Projektstruktur und der Abstimmungsprozesse. Die Entscheidung und Umsetzung der Änderung der Radnabe dauerte ein Jahr.

> *„An dem Hinterachsträger ist die Radnabe. Die ist mit Streben angebunden, das ist die Radführung. Die ist im Produktionswerk X. Jetzt brauche ich eine Bremse. Die ist eine andere Direktion im selben Werk. Jetzt kommt da ein Getriebe rein. Dieses Getriebe ist im Produktionswerk Y. Dann gibt es eine Seitenwelle vom Getriebe zur Bremse. Die ist auch im Produktionswerk Y. Dann gibt es einen Drehstab, damit das Ding besser federt, das ist im anderen Produktionswerk, wieder anderer Bereich, usw. Dann hab´ ich, um es noch ein bisschen zu verkomplizieren, die verschiedenen Baureihen mit jeweils eigenen Verantwortlichen. Es ist unwahrscheinlich komplex. Das Ganze findet zum ersten Mal in der Produktionsstufe zusammen, sowohl als Produkt wie auch von der Organisation. Das macht´s unwahrscheinlich schwierig.“*[285]

Das Zitat macht deutlich, dass die Planungsaufgabe neben der technischen Planung von Komponenten vor allem Abstimmungen mit angrenzenden Schnittstellen umfasst,

[284] Dokument Produktionsplanung Automobilhersteller (2017).
[285] Interview Nr. 14.

die *„(..) bedient werden müssen und von welchen Informationen wieder zurückfließen an den Planer.“*[286]

Die Abstimmungsergebnisse mit den verschiedenen Bereichen finden im Produktionskonzept zusammen. Der folgende Abschnitt illustriert die Arbeitsprozesse, die in der Produktionsplanung stattfinden. Die Produktionsplanung ist unterteilt in die Vorplanung und Serienplanung.

4.1.1.1. Arbeitsprozesse Vorplanung

Im Zentrum der Vorplanungsaufgabe steht die Änderung oder Neukonstruktion von Komponenten des Antriebstrangs durch die gemeinsame Abstimmung und Koordination von Gremien.

> *„Mal wird eine Zeichnung angepasst, weil die Bauteile nicht prozesssicher dargestellt werden können, mal möchte die Entwicklung eine neue Variante auf den Markt bringen, welche geprüft und befähigt werden muss, um diese auf die Serienfertigung zu integrieren. Mal gibt es Beanstandungen oder Ausfälle beim Kunden, wo die Qualität eine Produktänderung veranlasst, welche dann immer bei mir über den Tisch gehen und geprüft werden müssen.“*[287]

Das Hauptgremium zur Abstimmung nennt sich Modulgruppe. Es setzt sich interdisziplinär zusammen, d.h. aus Vertretern der Abteilungen Einkauf, Qualität, Entwicklung, Controlling und Produktion. Die Modulgruppe ist eine Plattform zur strategischen Produktgestaltung und operativen Umsetzung von Projektzielen. Ein Vorplaner steuert und koordiniert dieses Gremium und führt Entscheidungen herbei.

Des Weiteren fokussiert sich der Vorplaner darauf, wie sich Konstruktionen und Änderungen von Bauteilen oder Komponenten auf die Produzierbarkeit auswirken. Methodisch achtet er auf die Zeitschiene und das Projektmanagement, sodass sowohl die Lieferanten als auch die Produktion die Zeit-, Kosten- und Qualitätsziele einhalten können. Zusätzlich entwickelt der Planer Konzepte, erstellt Machbarkeitsrechnungen oder betreut Studien, bspw. wie sich die Elektrifizierung des Antriebsstrangs auf die Industrialisierung in der Produktion auswirkt. Die folgende Abbildung fasst das Aufgabenprofil und die Arbeitsprozesse des Vorplaners zusammen.[288]

---

[286] Postskript Nr. 1.
[287] Eigene Untersuchung (2016)
[288] In Anl. an § 5.2.1. ERA-Tarifvertrag 2003 und der eigenen Untersuchung.

Vorplaner

Aufgaben	Arbeitsprozesse
– Abbildung von Komponenten auf Fertigungs- und Montageprozesse – Sicherstellung der Produzierbarkeit von Komponenten und Bauteilen – Koordination und Entwicklung von Lösungen zur Herstellbarkeit der Produkte mit den Schnittstellen Entwicklung, Einkauf, Produktion – Koordination von Gremien und Arbeitskreisen – Berechnung von Kosten und Kapazitäten – Entwicklung von zukünftigen Produktionskonzepten und Nachfolgesystemen – Behebung von Qualitätsfehlern und Produktionsproblemen – Produkt- und Prozessoptimierungen	Konstruktionsprozesse Produktgestaltungsprozesse Anlaufprozesse Änderungsprozesse Genehmigungsprozesse Terminplanungsprozesse

Abbildung 23: Aufgaben und Arbeitsprozesse Vorplaner

4.1.1.2. Arbeitsprozesse Serienplanung

Die Serienplanung[289] ist verantwortlich, die „beschlossenen" Produktionskonzepte der Vorplanung in geeignete Fertigungs- und Materialflüsse zu überführen. Sie gestaltet diese Konzepte bereits in der früheren Phase mit, da sie als Fachfunktion in Gremien der Vorplanung vertreten ist. Daher wird sie auch Fachplanung genannt.

Zur Umsetzung des Produktionskonzeptes werden die Produktionsprozesse in einzelne Arbeitsschritte aufgeteilt und in einem Produktionslenkungsplan festgehalten. Dabei erstellen Serienplaner Maschinen- und Anlagenkonzepte, die in Form von Lastenheften an die Lieferanten weitergegeben werden.

Die folgenden Zitate beschreiben beispielhafte Arbeitsprozesse der Serienplanung.

> *„(…) wir hier in der Planung, wir kümmern uns darum, dass das Produkt hier in die Fabrik reinkommt und dass das Produkt zum Laufen kommt. Und wenn´s dann läuft, dann wird´s an die Produktion übergeben."*[290]

[289] Im Folgenden werden die Begriffe Serienplanung und Fachplanung synonym verwendet.
[290] Interview Nr. 18.

„(..) [In der] Fachplanung, dort plant der Planer sein Gewerk. Also ein Bauteil, wie ein Kurbelgehäuse. Er macht sich Gedanken, wie kann ich das Bauteil herstellen. Also er fängt nicht bei Adam und Eva an (..), sondern er kennt auch das Vorgängerprojekt, aber er plant wirklich. Er weiß, wie lange brauche ich für die einzelnen Bearbeitungsschritte und am Ende des Tages hat er eine Linie geplant und dann geht die Anfrage an den Lieferanten.“[291]

Der Serienplanung obliegen die Beschaffungsprozesse von Maschinen und Anlagen. Sie starten mit Abstimmungen und Konstruktionsdurchsprachen mit Lieferanten und dem Einkauf und erstrecken sich bis zur Anlieferungs- und Inbetriebnahme in der Produktion. Der Prozess kann bis zu 24 Monate dauern. Ein Fachplaner beschreibt den Beschaffungsprozess einer Fräsmaschine. Dazu muss er die Bearbeitungsprozesse der Maschine verstehen, die internen Richtlinien zur Beschaffung von Maschinen beachten sowie Abstimmungen mit den Schnittstellen in der Projektorganisation führen.

„(..) ich habe ein Rohteil, das fräse ich erstmal auf den Durchmesser so viel (zeigt). In der nächsten Station geht es dann auf die Drehmaschine, da wird´s dann auf den Durchmesser gedreht und dann geht´s zum Schleifen und Finish. Dann setze ich mich mit dem Einkauf zusammen. Bei der Fräsmaschine könnte ich mir die Firma X vorstellen. Dann sagt der Einkäufer, ich würde gern bei dem Y und Z mit anfragen. So legen wir gemeinsam das Lieferantenportfolio fest.

Dann werden Angebote erstellt, ein Angebotsvergleich durchgeführt, und eine Empfehlung erstellt, was man beschaffen soll. Daraufhin führt der Einkauf die Verhandlung und es gibt eine Vergabe.

Nach der Vergabe setzen wir uns mit dem Lieferanten zusammen und dann geht´s los mit der Konstruktionsdurchsprache. (..) Eine Maschine kostet bspw. 1,2 Mio. €. und dann kommt die Detailausplanung auf Baugruppenebene. Dann wird genehmigt, er fängt mit Bauen an und 12 Monate später, so Gott will, ist die Maschine fertig, sodass man bei ihm [Lieferant] die ersten Teile fertigt.

Wir gucken uns die Maschinen an, es gibt eine Vorabnahme. Wenn die bestanden ist, kann er die Maschine anliefern. Die wird hier aufgestellt und in Betrieb genommen, Produktionstests gefahren. Irgendwann kommt Job Nr. One und die Maschine ist abgenommen und dann geht das Ganze in die Produktion

[291] Interview Nr. 12.

rüber. Dann fertigen die. Es beginnt der Lifecycle des Produktes. Das ist die Phase, wo die Serienbetreuung beginnt. Das sind dann Optimierungen oder es gibt am Bauteil eine Änderung, dass ich an der Maschine irgendwelche Vorrichtungen ändern muss."[292]

Das Zitat zeigt die fachliche Kenntnis, die der Planer über Bauteile, Produktionsprozesse und einzelne Maschinen hat. Es verdeutlicht aber auch das hohe Prozessverständnis innerhalb des Beschaffungsprozesses. Er arbeitet mit unterschiedlichen Funktionen zusammen und bewirkt Entscheidungen, die letztendlich zu einer reibungslosen Produktion führen.

Der Serienplaner ist zudem für Umstellungsprozesse von Maschinen zuständig. Soll ein neues Produkt auf bestehenden Anlagen gefertigt werden, gestaltet er ein neues Linien-Layout. Die Auslastung der Produktion ist eine weitere Kernaufgabe des Serienplaners. Dabei hat er die Personal- und Flächenkapazität im Kopf und versorgt die Produktion mit Aufträgen. Die folgende Abbildung fasst die Aufgaben und Arbeitsprozesse des Serienplaners zusammen.

Serienplaner

Aufgaben	Arbeitsprozesse
– Planung von Fertigungs- und Montageprozessen – Ermittlung von Personal-, Flächen- und Infrastrukturbedarf	Anlagenplanungsprozesse
– Sicherstellung der Produktionsabläufe und kapazitative Auslastung	Beschaffungsprozesse
– Beschaffung und Bewertung von Betriebsmitteln, Maschinen, Anlagen – Lieferantenmanagement	Inbetriebnahmeprozesse
– Inbetriebnahme von Maschinen und Anlagen – Vergabe von internen und externen Aufträgen	Umstellungsprozesse
– Behebung von Qualitätsfehlern oder Produktionsproblemen	Betreuungsprozesse
– Betreuung und Optimierung von Serienprozessen	Terminplanungsprozesse

Abbildung 24: Aufgaben und Arbeitsprozesse Serienplaner

[292] Interview Nr. 18.

4.1.2. Wandlungstreiber

Die täglichen Planungsprozesse werden durch äußere und innere Einflüsse berührt. Wenn diese Einflüsse zu einer Veränderung des bisherigen Zustandes führen, dann ist von Wandlungstreibern die Rede.[293]. Durch Wandlungstreiber ergeben sich neue Anforderungen an die Produktionsplanung, auf die reagiert werden muss, um langfristig wettbewerbsfähig zu bleiben.[294] Die folgende Abbildung illustriert das Schema der inneren und äußeren Wandlungstreiber von Westkämper/Löffler, die im betrachteten Untersuchungsbereich Einfluss nehmen.

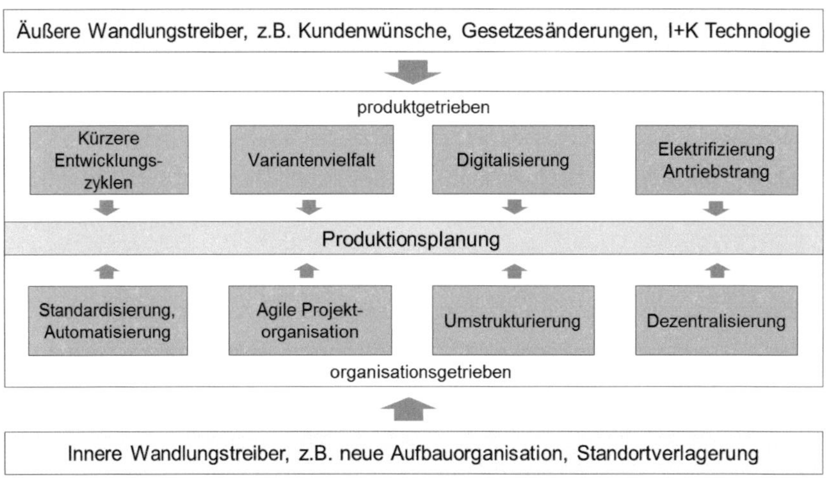

Abbildung 25: Wandlungstreiber der Produktionsplanung[295]

Im Folgenden werden die Wandlungstreiber des Arbeitsumfeldes Produktionsplanung vorgestellt und anschließend Konsequenzen für den Erfahrungswissenstransfer herausgearbeitet.

Kürzere Entwicklungszyklen und Variantenvielfalt

Durch die zunehmend individualisierten Kundenwünsche bei gleichzeitigen Nachfrageschwankungen durch volatile Märkte, entstehen produkt- und produktionsseitig folgende Konsequenzen: Einerseits bedarf es einer flexiblen Anpassung der Prozesse, z.B. von Stückzahlen, andererseits nimmt die Variantenvielfalt zu. Dies wirkt sich auf verkürzte Entwicklungs- und Anlaufzeiten in der Produktion aus. Um der gestiegenen

293 Westkämper/Löffler (2016), S. 54.
294 Vgl. Westkämper/Löffler (2016), S. 54 ff.
295 In Anl. an Westkämper/Löffler (2016), S. 54.

Nachfrage nach unterschiedlichen Produktvarianten nachzukommen, muss die Produktionsplanung die Produktionssysteme flexibler gestalten. Ein Beispiel für diesen Wandlungstreiber im Bereich der Produktion von Verbrennungsmotoren ist die Kurbelwellenfertigung. Nahezu alle Fertigungsprozesse wurden im letzten Jahr vollständig automatisiert. Dadurch ist es möglich, viele Varianten (Benziner und Diesel, drei bis sechs Zylinder) gleichzeitig zu produzieren sowie Kapazitäten für Nachfrageschwankungen vorzuhalten.

> *„Es gibt circa 400 Varianten, die wir drauffahren müssen. Und entsprechend flexibel muss die Fertigung dann aufgestellt sein.“*[296]

> *„Das [die Varianten] ist dem Kunde egal. Der Motor muss einfach tun. Ob der jetzt im Drehzahlbereich zwischen 3000 und 4000 einen Wumps macht, da kann man trefflich diskutieren. Aber genau über diese Facetten kriegen Sie da eine Varianz rein, die ist extrem.“*[297]

Agile Projektorganisation

Mit Hilfe von agilen Projektmethoden, wie z.B. Scrum[298] sowie der Veränderung von Organisationsformen, wie z.B. Schwarmorganisation[299], werden bestehende Projekt- und Zusammenarbeitsformen umgestaltet.

Umstrukturierung und Dezentralisierung

Als Umstrukturierung wird aus der Perspektive der Produktionsplaner das Auflösen von bestehenden Linienaufgaben hin zu einer neuen Abteilungs- oder Projektstruktur verstanden. Ziel ist unter anderem die bessere Nutzung des Fach- und Erfahrungswissens aus der Linienfunktion für mehrere Projekte gleichzeitig. Ein Planer beschreibt eine Umstrukturierung folgendermaßen:

> *„(..) also es gab verschiedene Umstrukturierungen und jede Umstrukturierung hat Optimierungspotenzial und hat aber auch Anti-Optimierungspotenzial. In der*

[296] Interview Nr. 4.

[297] Interview Nr. 12.

[298] Scrum ist eine Projektmanagement-Form nach agilen Prinzipien. Es hat seinen Ursprung in der Softwareentwicklung. Eine wichtige Grundlage ist die Selbstorganisation der Teammitglieder. Scrum ist inkrementell und iterativ. Das bedeutet, die konkrete Anwendung basiert auf Erfahrung und das Vorgehen findet schrittweise in sich wiederholenden Etappen statt, URL siehe Literaturverzeichnis.

[299] Vgl. dazu Hirsch-Kreinsen (2014), S. 24: „Ziel dieser Organisationsform ist es, durch höchstmögliche Offenheit und Flexibilität auf der Basis hoher Qualifikationen der Beschäftigten nicht antizipierbare Stör- und Sondersituationen jederzeit durch kompetentes und erfahrenes Arbeitshandeln bewältigen zu können.“

Regel fällt immer eine Funktion weg, von der man nicht weiß. (..) die krieg ich irgendwie in das neue Schema nicht rein, und dann geht´s unter und fällt weg.“[300]

Vor diesen Umstrukturierungen waren die Produktionsplaner hierarchisch zentral einem „Planungschef“ zugeordnet. Die gemeinsame Zuordnung der Projektleiter aller unterschiedlichen Antriebsstränge förderte den Informationsaustausch. Galt in den 90iger Jahren noch das Prinzip des Planers als „Generalist“, der eine gesamte Fabrik plant, so sind es heute viele Spezialisten, die sich mit komplexen Teilplanungsprozessen befassen. Die Differenzierung von Produkten sowie die steigenden Anforderungen durch Sicherheitsbestimmungen oder Qualitätsnormen führen zur Ausdifferenzierung von Zuständigkeiten. Für jede Motor-Variante gibt es einen anderen Projektleiter. Dies führt zu einer neuen Projektstruktur, die gemäß den Interviewpartnern nicht nur Wissensflüsse verändern, sondern zu einem „Eigenleben“ der Bereiche führen.[301]

Digitalisierung

Durch die Informations- und Kommunikationstechnologien wird es der Produktionsplanung ermöglicht, physische Prozesse in der Fabrik digital abzubilden. Hierzu gehören Simulationstools, welche die „Digitale Produktion“[302] modellieren. Daten können schneller aggregiert werden und die Prognosewahrscheinlichkeit für Fehler soll erhöht werden. Die Umstellung von physischen auf digitale Prozesse, die teilweise mit einer Vollautomatisierung ganzer Fertigungslinien einhergeht, verändert das Arbeitsumfeld der Planer dahingehend, dass z.B. keine Menschen mehr an den Maschinen stehen. An deren Stelle tritt ein zentrales Steuerungsprogramm, das Störungen anzeigt und die Materialprozesse steuert.

Zudem halten die Informations- und Kommunikationstechnologien Einzug in das tägliche Zusammenarbeiten der Planer. Als Beispiel dient die virtuelle Teilnahme an einem Workshop. Teilnehmer sind physisch vor Ort, andere per Telefon und Video zugeschaltet. Im Ideen-Workshop soll Erfahrungswissen genutzt werden, um einen bestimmten Prozess zu standardisieren. Bei dem beobachteten Beispiel führen der zeitlich eng getaktete Workshop sowie das „virtuelle Setting“ dazu, dass Teilnehmer sich

[300] Interview Nr. 14.
[301] Interview Nr. 1, 20.
[302] Westkämper et al. (2013), S. 11 ff.

zurückhalten, persönliche Erfahrungen anzusprechen oder Probleme fundiert zu diskutieren.[303]

Konsequenzen

Aus den Wandlungstreibern ergeben sich folgende Konsequenzen, die sich auf das Zusammenarbeiten in der Produktionsplanung und damit auf den Austausch von Erfahrungswissen auswirken:

- Durch eine stärkere Aufgabenteilung und Ausdifferenzierung der Aufgaben ergeben sich mehr Schnittstellen und Abstimmungsbedarfe.
- Dezentrale Organisationsformen führen zu einem erhöhten Koordinations- und Diskussionsbedarf, da die einzelnen Bereiche unabhängiger arbeiten.
- Die Planungsaufgabe entwickelt sich von einer generalistischen zu einer spezialisierten Wissensaufgabe, was dazu führt, dass mehr „Stellen" und Einzelergebnisse aufeinander abgestimmt werden müssen.
- Die geforderte schnelle Reaktion auf Kundenbedürfnisse oder Marktveränderungen, führt zu einer Vorhaltung vieler Varianten bei gleichbleibender Entwicklungszeit. Daraus ergibt sich weiterer, kurzfristiger Abstimmungs- und Entscheidungsbedarf.
- Die Informations- und Kommunikationstechnologien ermöglichen eine schnelle Informationsverarbeitung, z.B. bei der Reaktion auf Kundenanfragen, was sich in einer höheren Arbeits- und Abstimmungsgeschwindigkeit widerspiegelt.
- Durch Umstrukturierungen können Zusammenarbeitsformen und Netzwerke zwischen Personen gekappt werden, wovon der Erfahrungsaustausch betroffen ist.
- Als weitere Folge aus der Umstrukturierung wird eine zeitlich verzögerte Problemlösung genannt, da sich Ansprechpartner und Zuständigkeiten verschieben.
- Die Dezentralisierung führt zu einer Veränderung von Anreizsystemen der Organisationsbereiche. Anstelle eines „Gesamt-Projektbudgets" existiert ein dezentrales Budget, das auf einzelne Projekte verteilt wird. Das Ziel ist die Einhaltung der einzelnen Budgets, was gemäß den Interviewpartnern zu einem „Eigenleben" und dadurch zu einer Selbstoptimierung der Bereiche führe.

[303] Eigene Untersuchung (2016).

- Zudem befindet sich ein Spannungsfeld zwischen den Zusammenarbeitsformen von agilen, autonomen Projektteams und den Arbeitsweisen bestehender Linien-Teams. Agile Teams weisen zumeist andere Hierarchie- und Entscheidungsstrukturen auf, die sich von den bestehenden Abstimmungsformen unterscheiden. Hierdurch gestalten sich Wissensflüsse neu.

Abbildung 26 fasst das Arbeitsumfeld der Produktionsplanung zusammen und zeigt die Komplexität durch die unterschiedlichen Organisationseinheiten und Schnittstellen, die zur Abstimmung genutzt werden. Begleitend wirken die Wandlungstreiber auf den „Produktentstehungsprozess" und die dazugehörigen Arbeitsprozesse der Vor- und Serienplanung ein.

Fazit

Als Konsequenz für den Erfahrungswissenstransfer bedeutet die Umstrukturierung und Dezentralisierung von Abteilungen einen erhöhten Abstimmungsbedarf. Folglich kommen Wissensträger häufiger zum Austausch. Bevor mit der inhaltlichen Arbeit begonnen werden kann, werden teilweise formale Zuständigkeiten oder Entscheidungskompetenzen besprochen, die das Diskutieren über Inhalte und damit die Möglichkeit für den Transfer von Erfahrungswissen in den Hintergrund rücken lassen kann.

Zudem reduzieren Umstrukturierungen und damit einhergehende neue formale Organisationsstrukturen die Gelegenheiten zu Erfahrungswissensaustausch. Denn vormals etablierte formale und informale Abstimmungsformen verändern sich dahingehend, dass Kommunikationsflüsse, die vormals quer über den Gang oder an der gemeinsamen Kaffee-Ecke stattgefunden haben, unterbrochen werden. Für den Erfahrungswissenstransfer bedeutet dies weniger Möglichkeiten direkt zu interagieren.

Der Einsatz von mehr Informations- und Kommunikationstechnologien führt formal betrachtet, zu mehr Optionen Erfahrungen auszutauschen. In der betrieblichen Realität drängt es allerdings den persönlichen Erfahrungsaustausch zurück, da die örtliche Distanz sowie zeitlich anspruchsvolle Terminpläne wenig Raum für intensiven Dialog lassen.

Welche Rolle das Erfahrungswissen und der Austausch von Erfahrungswissen für die Bewältigung der Planungsaufgaben spielt, wird mit Bezug auf die hergeleiteten Wandlungstreiber und Anforderungen im nächsten Abschnitt herausgearbeitet.

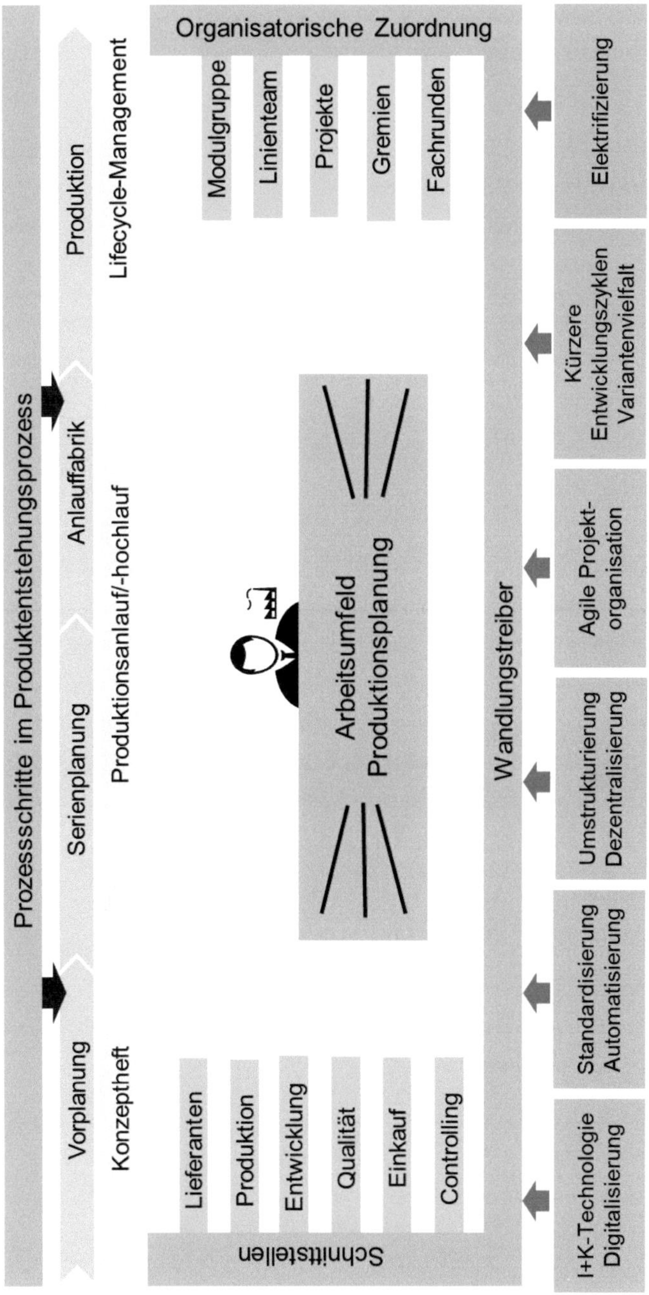

Abbildung 26: Arbeitsumfeld Produktionsplanung

4.2. Erfahrungswissen in der Produktionsplanung

Der nächste Abschnitt befasst sich mit der Analyse des Erfahrungswissens in der Produktionsplanung. Dabei liegt ein besonderer Fokus darauf, wie erfahrene Planer die verschiedenen Facetten ihres Erfahrungswissens einsetzen, um die Planungsaufgaben vor dem Hintergrund der Wandlungstreiber zu bewältigen. Hervorgehoben werden Situationen im Arbeitsprozess, bei welchen die Anwendung dieses Wissens unverzichtbar ist.

Als Orientierungshilfe für die systematische Analyse von Erfahrungswissen dient das Konzept „Deep Smarts“[304]. Das Konzept setzt sich aus den drei Dimensionen kognitiv, verhaltensorientiert und physisch als „Analyseraster“ zusammen. Die Dimensionen enthalten Indikatoren, die durch Ausprägungen beschrieben werden.[305]

Als Forschungsmethode wurde die Grounded Theory Methode[306] herangezogen. Die drei Dimensionen gelten jeweils als Hauptkodes. Um einen Hauptkode zu beschreiben, verwendet die Methode Subkodes. Für die vorliegende Untersuchung wurden die Dimensionen und Indikatoren des Deep Smarts-Ansatzes verwendet. In der Ergebnisdarstellung wird zunächst die kognitive, dann die verhaltensorientierte und schließlich die physische Dimension von Erfahrungswissen für die Produktionsplanung skizziert. Die gestrichelten Pfeile symbolisieren die inhaltliche Überschneidung und Wechselseitigkeit der Subkodes. Unidirektionale Pfeile in den Abbildungen sind zu lesen als "daraus folgt" oder "beeinflusst". Bidirektionale Pfeile stehen für eine wechselseitige Beeinflussung.[307]

4.2.1. Kognitive Dimension

Die kognitive Dimension (Hauptkode) von Erfahrungswissen beinhaltet fünf Indikatoren (Subkodes), die jeweils durch die in Tabelle 7 aufgeführten Ausprägungen charakterisiert werden: Fach- und Methodenwissen, Systemdenken, Urteilsvermögen, Kontextbezogenheit und Strukturerkennung.

Im Erfahrungswissenskontext wird unter *Fach- und Methodenwissen* vor allem jenes Wissen verstanden, das nicht leicht zu dokumentieren ist, jedoch eine hohe Relevanz für die Lösung von Aufgaben aufweist.

---

304 Vgl. Leonard/Swap/Barton (2015), S. 25 ff.
305 Für weitere Informationen zur Begründung der Wahl des Ansatzes siehe Abschnitt 2.1.3.2.
306 Siehe Abschnitt 3.5.
307 Vgl. Mey/Mruck (2009), S. 132.

Tabelle 7: Kognitive Dimension Erfahrungswissen

Dimension (Hauptkode)	**Indikator (Subkode)**	**Ausprägung**
Kognitiv	Fach- und Methodenwissen	Technikwissen, Prozesswissen, außergewöhnliches Faktenwissen
	Systemdenken	Wissen über Ursache-Wirkungszusammenhänge, Abhängigkeiten und Konsequenzen
	Urteilsvermögen	Schnelles, vernünftiges Entscheiden
	Kontextbezogenheit	Fähigkeit, den Kontext in Handlungen einzubeziehen
	Strukturerkennung	Schnelles Erkennen von bekannten, früheren Phänomenen, Situationen und Prozessen

Der Subkode *Systemdenken* erstreckt sich von „kleinen" Systeme, wie z.B. dem Zusammenhang von Einstellungsparametern in einem Softwaretool, bis zu großen Systemen, wie z.B. dem Produktionssystem in welchem die Produktionsplaner mit vielen anderen „Sparringspartnern" und vernetzen Systemen agieren.

Interessanterweise bestehen enge Zusammenhänge zwischen den einzelnen Subkodes. Je nach Situation im Arbeitsprozess wird unterschiedlich stark auf die einzelnen Facetten von Erfahrungswissen zurückgegriffen. Die folgende Darstellung verdeutlicht das Zusammenspiel der Indikatoren als wesentliches Charakteristikum der kognitiven Dimension von Erfahrungswissen.

Abbildung 27 zeigt, dass der Subkode *Urteilsvermögen* mit den anderen Subkodes der kognitiven Dimension zusammenhängt. Eine Ausprägung von *Urteilsvermögen* ist das „schnelle und vernünftige Entscheiden"[308]. Um schnell und richtig entscheiden zu können, unterstützt die *Strukturerkennung.* Eine Situation wird nach bekannten Mustern aus der Vergangenheit analysiert und für die aktuelle Bewertung herangezogen.

Die Verzahnung mit dem Subkode *Systemdenken* befähigt den erfahrenen Produktionsplaner bei der Beurteilung, wie sich Entscheidungen oder Einschätzungen auf ein Gesamtsystem auswirken.

Als Anwendungsbeispiel des Subkodes *Urteilsvermögen* dient die „Einschätzung von Produktionsmengen" in der Serienplanung. Ein erfahrener Serienplaner muss einschätzen können, wie sich Bauteile mengenmäßig entwickeln. Die Schätzmengen, von

[308] Vgl. Leonard/Swap/Barton (2015), S. 26, Urteilsvermögen, also „Judgement" bezeichnen die Autoren als „rapid, wise decision making".

welchen die Prozesse der Lieferanten und Logistik abhängen, ermittelt er auf Basis von rechnergestützten Prognosedaten aus dem Produktionssystem und seiner Erfahrung aus der Produktion vorhergehender Bauteile. Hierdurch stellt er die Versorgung der Produktion mit den passenden Liefermengen sicher.

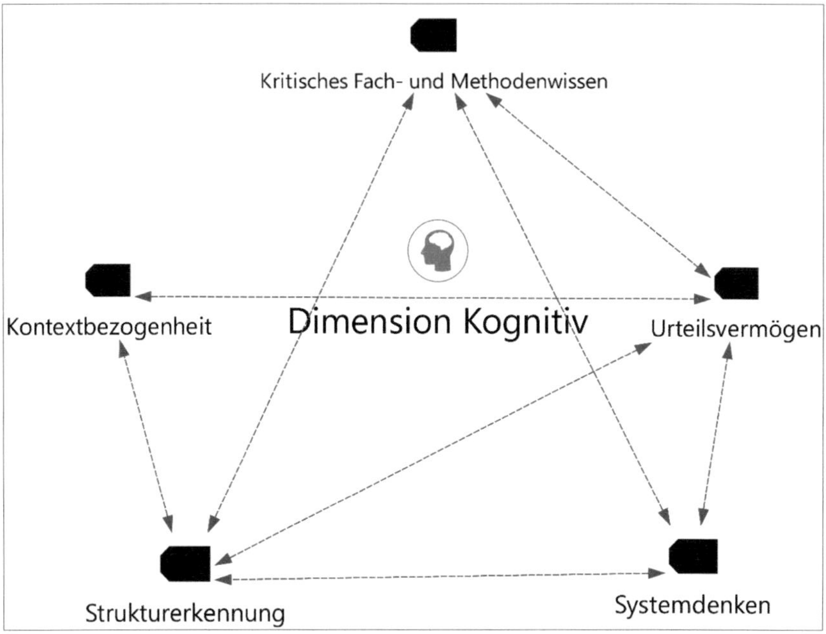

Abbildung 27: Subkodes kognitive Dimension

Das folgende Zitat beschreibt wie sich das *Urteilsvermögen* zeigt:

> *„Wenn man einen validen Terminplan hat, dann geht es im nächsten Schritt darum, alle Anfrageunterlagen zusammen zu stellen; dazu gehören aktuelle Zeichnungen, eine Stückzahlplanung: wie wird sich das Bauteil von den Stückzahlen her entwickeln, eine Abschätzung, was die maximale Kammlinie ist.*
>
> *Sie können im Durchschnitt 70.000 Teile pro Monat produzieren. Es gibt Monate, die dürfen nicht durchschnittlich sein, sondern deutlich höher. Das heißt, dem Lieferanten nutzt es nichts, wenn man auf Durchschnitt plant, sondern man muss ihm wahrsagen, was ist maximal denkbar pro Tag, pro Woche, pro Monat.“*[309]

[309] Interview Nr. 2.

Mit Hilfe des *Urteilsvermögens* ist es dem Planer möglich, sehr detaillierte Prognosen für zukünftige Stückzahlen sowie einberechnete Schwankungen zu treffen (*„Es gibt Monate, die dürfen nicht durchschnittlich sein“*). Dabei schätzt er die “qualitative“ Entwicklung eines Bauteils ab und leitet konkrete, quantitative Ausbringungsmengen ab.

Die weiteren Anwendungsbeispiele demonstrieren die Wirkungsweise der kognitiven Dimension von Erfahrungswissen im praktischen Handeln der erfahrenen Produktionsplaner und bestätigen die enge Verwobenheit der Subkodes.

Anwendungsbeispiele

Im Folgenden werden weitere Anwendungsbeispiele aus dem Arbeitsprozess der Vor- und Serienplanung entlang der Subkodes zur kognitiven Dimension erläutert.

Beispiel 1: Einsatzfaktoren-Ermittlungsplan

Um die Produktionskosten für ein bestimmtes Bauteil zu berechnen, wird die Methode „Einsatzfaktoren-Ermittlungsplan“ eingesetzt. Die folgende Textpassage verdeutlicht die Verflechtung der Subkodes *Methodenwissen*, *Urteilsvermögen* und *Strukturerkennung*.

> *„[Mit dem] Einsatzfaktoren-Ermittlungsplan wird geschaut: Was braucht die Montageplanung, was haben wir für Einsatzfaktoren. Die werden kostenmäßig bewertet; auf Erfahrungswerten oder Angeboten, eben was es hat. Entsprechend gibt eine Hallenplanung oder die Fertigungsplanung ihre Werte ein und so werden die Kosten abgeschätzt.“*
>
> *[: Interviewer: Wo kommen die Erfahrungswerte her?]*
>
> *„Wieder von erfahrenen Planern, von Altprodukten, von Altprojekten. Das ist ja alles dokumentiert. Da kann man eben darauf schauen oder fragt die Kollegen.“*[310]

Der erfahrene Planer weiß, wie die *Methodik* der Faktoren-Ermittlung funktioniert und von welchen Datenquellen die Werte einfließen. Die Hinweise der Sparringspartner, wie z.B. der Hallenplanung, gehen dabei in die Kostenermittlung ein.

Die Beurteilung (*Urteilsvermögen*) und Abschätzung der jeweiligen Einsatzfaktoren geschieht durch die Erfahrungswerte der Fachabteilungen sowie anhand von

[310] Interview Nr. 4.

Dokumenten alter Projekte. Hierauf greift der erfahrene Planer zurück und interpretiert diese für seinen konkreten Fall.

Die *Strukturerkennung* unterstützt bei der Bewertung der aktuellen Situation durch das Hinzuziehen ähnlicher Szenarien aus der Vergangenheit. Das Erkennen eines ähnlichen Musters löst Assoziationen zur Bewertung der neuen Situation aus.

Beispiel 2: Standortplanung

In der folgenden Situation werden die Subkodes *Systemdenken* und *Kontextbezogenheit* zur Aufgabenlösung herangezogen. Es handelt sich um die Bewertung von Arbeitszeitmodellen für eine Standortplanung.

> *„(..) also wir machen die strategische Planung hier für den Standort, wo man eben auch Personalszenarien macht, wo ich Unterlagen für Make or Buy-Entscheidungen vorbereiten muss. Die [Programmplaner] liefern mir die Daten und Programmzahlen, wir bereiten es dann in Köpfe auf. Wir machen Planspiele, was würden welche Arbeitszeitmodelle beeinflussen oder welche Standortnachteile würden sich ergeben: Was wären die Auswirkungen, wenn wir das Produkt verlagern und wie passt es zu den bestehenden Betriebsvereinbarungen.“*[311]

Der erfahrene Planer errechnet, welche Konsequenzen sich aus einer Standort- oder Produktverlagerung für inländische Standorte ergeben und liefert den Entscheidungsträgern konkrete Zahlen. Durch das *Kontext- und Systemwissen* kann er aussagen, welche Betriebsvereinbarungen von einer Standortverlagerung tangiert sind und welchen Spielraum das Unternehmen hat. Der erfahrene Planer bezeichnet das Austarieren und Entwickeln von Standortszenarien als „Planspiel“. Aus qualitativen Szenarien entwickelt er quantitative Werte, die als Entscheidungsvorlage für das Management dienen.

Situation 3: Stückliste

Auch das *Fach- und Methodenwissen* weist Erfahrungsanteile auf. Das Beispiel Stückliste veranschaulicht das Zusammenspiel der Subkodes *Methodenwissen*, *Systemdenken* und *Strukturerkennung*.

Ein wichtiges Instrument, um die Versorgung der Produktion sicher zu stellen, ist die Stückliste, die über ein IT-System generiert wird. Die eingetragenen Daten, wie z.B.

---

[311] Interview Nr. 6.

Material, wirken sich unmittelbar auf die Produktion aus. Bei richtiger Pflege ist die Basis geschaffen, dass Logistik-Prozesse stabil laufen, d.h. der Lieferant rechtzeitig erfährt, wenn er nachliefern muss. Ist diese Stückliste nicht richtig gepflegt, weil dem Planer das Wissen über die Abhängigkeiten von Faktoren oder die Auswirkung auf die Produktion fehlt, kann es zu einem Stillstand der Fließ- oder Montagebänder kommen, was erhebliche Kosten verursacht. Die folgende Textpassage verdeutlicht dieses Szenario.

> *„In der Montage sind wir in SAP tiefer drin mit Stücklisten. Da kann ich auch ziemlich viel Schaden anrichten, weil es ein Produktiv-System ist, was bei neueren Kollegen zu Unsicherheiten führt. Wenn du dich da völlig ungeschickt anstellst und du das eine oder andere Thema nicht weißt, kann´s passieren, dass du ein Montageband kurzfristig hinstellst, weil dann die Materialversorgung runterläuft.“*[312]

Das Beispiel zeigt, wie das Erfahrungswissen im Zusammenspiel der Subkodes wirkt. Der Planer pflegt Daten über Systeme ein, die dafür sorgen, dass physische Prozesse in der Produktion störungsfrei verlaufen. Die Daten sind mit konkretem Hintergrundwissen und Prozessen aus der Vergangenheit verknüpft, z.B. dass die richtige Menge von Produktionsmitteln vorhanden ist. Der Produktionsplaner transferiert sein Theoriewissen in konkrete Anwendungsszenarien und kennt die Auswirkungen auf das Gesamtsystem. Die Anwendung des Erfahrungswissens ist eher unsichtbar, gleichzeitig die Wirkungsweise für eine störungsfreie Produktion hoch.

4.2.2. Verhaltensorientierte Dimension

Die verhaltensorientierte Dimension von Erfahrungswissen beinhaltet nach Leonard et al. vier Subkodes mit Ausprägungen. Ergänzt werden diese um einen neuen Subkode, *Perspektivenübernahme*, der sich im Rahmen der Untersuchung als relevanter Indikator für die Bewältigung der Planungsaufgaben erwiesen hat (siehe Tabelle 8).

Durch die Perspektivenübernahme ist es den Planer möglich, sich in die Denkweise anderer Fachbereiche hineinzuversetzen, um damit die Handlungsweisen oder Argumente besser einzuordnen. Da der Produktionsplaner als Koordinationsfunktion für andere Fachbereiche fungiert, ist diese Fähigkeit bedeutsam. Erworben wird sie durch das Arbeiten in den anderen Bereichen sowie das „vor Ort sein“.

---

[312] Interview Nr. 6.

Tabelle 8: Verhaltensorientierte Dimension Erfahrungswissen

Dimension (Hauptkode)	Indikator (Subkode)	Ausprägung
Verhaltensorientiert	Netzwerkwissen	Aufbau und Pflege eines weiten Netzwerks von Experten
	Zwischenmenschlich	Fähigkeit, mit Menschen umzugehen, sie zu motivieren und zu führen; Lösen von Meinungsverschiedenheiten
	Kommunikation	Fähigkeit, Meinungen und Informationen überzeugend und logisch zu formulieren und zu überbringen
	Situationsbewertung	Fähigkeit, Hinweise für bestimmte Handlungsmuster zu erkennen, Relevantes von Irrelevantem unterscheiden
	Perspektivenübernahme *(Ergänzung)*	Fähigkeit, sich in andere Denkweisen hineinzuversetzen und diese in eigenen Handlungen einzubeziehen

Ein Interviewpartner, der vor seiner Planertätigkeit im Einkauf arbeitete, beschreibt diese Fähigkeit folgendermaßen:

> *„Als ich damals aus der Planung (..) in den Einkauf gegangen bin, habe ich plötzlich verstanden, warum der Einkauf das so macht, was ich davor nicht verstanden habe. Die hängen in ganz anderen Regularien drin, die können gar nicht anders.“*[313]

Die *Perspektivenübernahme* ist mit dem Subkode *„Zwischenmenschlich“* verbunden. Denn die Fähigkeit mit Menschen umzugehen, also ein Gespür für Menschen zu entwickeln, wird durch die Fähigkeit zur Perspektivenübernahme gestärkt. Produktionsplaner, z.B. Modulgruppensprecher, haben die eine fachliche Führungsrolle inne. Sie führen fachlich und koordinieren ohne als Vorgesetzter zu agieren. Um Lösungen herbeizuführen oder Verhaltensweisen zu beeinflussen, greifen erfahrene Planer daher auf ihre *„zwischenmenschlichen“* Fähigkeiten von Erfahrungswissen zurück, die durch die Indikatoren *Perspektivenübernahme* und *Kommunikation* gespeist werden. Das folgende Schaubild zeigt die Beziehungen zwischen den Indikatoren der verhaltensorientierten Dimension.

[313] Interview Nr. 18.

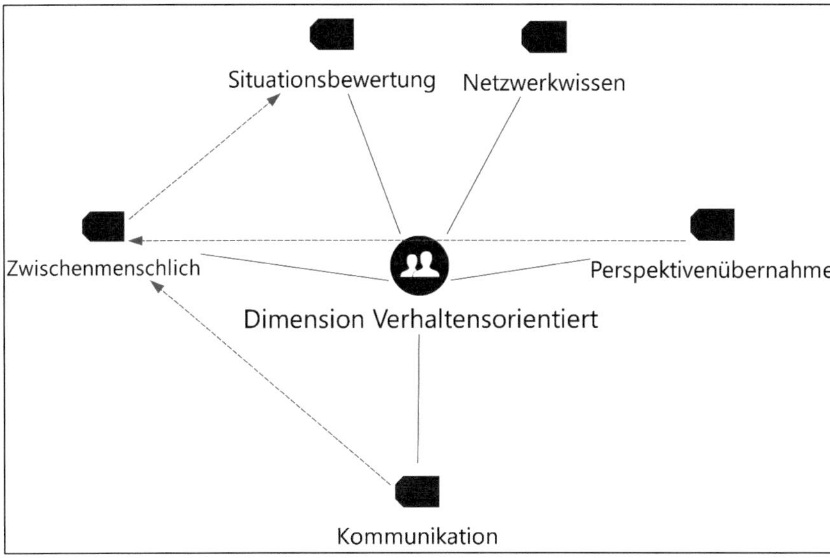

Abbildung 28: Subkodes verhaltensorientierte Dimension

Anwendungsbeispiele

Die folgenden drei Anwendungsbeispiele zeigen das Zusammenspiel der Subkodes der verhaltensorientierten Dimension erfahrener Produktionsplaner.

Beispiel 1: Bestellung „Ladungsträger"

Das Beispiel eines Modulgruppensprechers zeigt die Kombination der drei Subkodes: *Situationsbewertung, Zwischenmenschlich und Kommunikation*. Hierbei geht es um den Bestellvorgang von Ladungsträgern für die Produktion.

> *„(..) hier muss ich besonders Acht geben, dass es nicht schiefläuft, weil es in der Vergangenheit schon schiefgelaufen ist. Entweder weil es menschlich oder prozesstechnisch eine Schwäche ist. Beide sind möglich.*
>
> *Fiktives Beispiel: Sie haben einen Mitarbeiter, der die Ladungsträger bestellen muss. Und sie wissen genau, dass dieser ein „Schluri" ist, der sagt „das mach ich", und sie den nach zwei Wochen fragen „Hast du das gemacht?". Dann sind nach einem Monat die Ladungsträger immer noch nicht bestellt. Dann kann es eventuell schon zu spät sein, weil das Projekt so eng getaktet ist, dass es knallt, wenn die nicht da sind.*

Der Erfahrene weiß das und fragt nach 14 Tagen „Und sind die bestellt?" und schickt das Protokoll zur Kenntnis seines Teamleiters. Der Unerfahrene macht vielleicht noch ein Protokoll und sagt „Frau Mayer, bitte Ladungsträger bestellen". Dann sind vier Wochen um und er fragt das erste Mal „Sind die schon da?" - „Ich habe sie noch gar nicht bestellt, da mir das PSP-Element noch gefehlt hat." Das Problem ist, das sind Ausreden. Das nützt mir nichts, weil das Thema in den Brunnen gefallen ist."[314]

Der erfahrene Planer antizipiert durch die angemessene *Situationsbewertung* mögliche Störungen im zukünftigen Produktionsverlauf. Ihm ist prozesstechnisch bewusst, was passiert, wenn die Komponenten nicht geliefert werden. und *Zwischenmenschlich* erkennt er bestimmte Handlungsmuster, auf die er bspw. mit vorzeitigem Nachfragen reagiert.

Beispiel 2: Gespür für Menschen und Strukturen

Das Beispiel verdeutlicht die verhaltensorientierte Komponente der Zusammenarbeit in der Produktionsplanung, für die rein formales Wissen zu Prozessen oder Gremien nicht ausreicht. Die Analyse von Gesprächssituationen und die richtige *Situationsbewertung*, um bspw. Entscheidungen herbeizuführen, ermöglichen dem Planer eine erfolgreiche und schnelle Bewältigung seiner Aufgaben.

„Und so ist eigentlich jede Struktur und jede Situation spezifisch. Und das ist auch der Erfolgsfaktor. (..) das Gespür zu wissen, wo geh ich jetzt auf eine offizielle Plattform, wo nutze ich jetzt meinen Vorgesetzten oder wo geh´ ich selber hin und sag´ so und so sieht´s aus. Dieses Gefühl, das geht nur durch Erfahrung."[315]

Ein anderer erfahrener Interviewpartner beschreibt das Gespür für Menschen und eine sensible *Kommunikation* entlang eines Coaching-Gesprächs mit einem neuen Planer zu den Verhaltensweisen eines Vorgesetzten.

„Achtung, pass´ auf, hier und da musst du damit rechnen. Was haben wir analysiert, was ist das Ergebnis, in welche Richtung geht es und wie erklären wir dem Chef die Richtung. Ich matche das Gesamtkonglomerat, wie tickt der Bereichsleiter, wie der Abteilungsleiter. Also mach´ dich auf die und jene Frage

[314] Interview Nr. 2.
[315] Interview Nr. 14.

gefasst. Er wird uns fragen, wie stabil sind eure Zahlen? Wie stabil sind eure Analysen?"[316]

Das Beispiel zeigt wiederum das Vorwegnehmen und Erahnen von möglichen Reaktionen von Kollegen oder Führungskräften, die bestimmte Erwartungshaltungen an den Planer richten. Das Gespür über Menschen und Strukturen, das der erfahrene Planer durch seine Erfahrung verfeinert hat, ist ein wesentliches Erfolgsrezept in der Produktionsplanung:

„Die Technik, die Probleme, die sind alle irgendwie lösbar. Die sind aber nur lösbar mit einer guten Arbeitsbeziehung."[317]

Beispiel 3: Netzwerk

Das dritte Anwendungsbeispiel betont die positive Wirkungsweise des verhaltensorientierten Indikators *Netzwerkwissen* im Arbeitsprozess der Produktionsplaner. Ein Serienplaner berichtet über die Inbetriebnahme eines Maschinenparks für einen Produktionstest.

„Da haben wir die ganzen Maschinen provisorisch anschließen müssen, das hat funktioniert, weil ich meine Kollegen vom Motorenwerk angerufen habe. Wenn ich die anrufe, dann machen die mir das geschwind. Das ist das Netzwerk, was du dir aufbaust, wenn du unterwegs bist,"[318]

Der Vorplaner, der in seiner Arbeit oft spontan mit ungeplanten Aufträgen oder Konzeptwünschen konfrontiert wird, die unter hohem Zeitdruck geliefert werden müssen, setzt hierzu ebenfalls sein Netzwerk ein.

„(..) wenn Aufträge kommen, wie die Bewertung eines neuen Moduls oder Konzeptes, kann ich auf meine Erfahrungswerte zurückgreifen und sagen: Wenn ich ein Modul in der Größe haben will, dann benötige ich so viel Geld für die Montage, so viel für die Fertigung. Ich habe natürlich auch die Kontakte zu den Fertigungsplanern, so dass ich die einfach schnell mal anrufe und sage „Du, ich brauch eine Zahl. Schätz mal ab, was sagst Du – geht nicht auf deine Kappe,

[316] Interview Nr. 7.
[317] Interview Nr. 14.
[318] Interview Nr. 18.

ist mein Risiko. Dass man das Netzwerk hat, um so eine Anfrage schnell zusammen zu stellen."[319]

Das *Netzwerkwissen* unterstützt, wenn es darum geht, Probleme zu beheben und Lösungen schnell herbeizuführen, die durch die vorgegebenen Strukturen und Gremien zu lange dauern oder schwieriger zu lösen sind. Auch diese Wirkungsweise, bei der am Ende zumeist konkrete Fakten in Konzepte oder Entscheidungsvorlagen münden, wird durch das Zusammentragen der unterschiedlichen Einschätzungen aus dem Netzwerk und das Vertrauen in die Richtigkeit der Angaben erzielt.

Weiterhin ist festzustellen, dass die durch die Anwendung des Netzwerkes erzielten Ergebnisse selten dokumentiert werden. Um auf das Erfahrungswissen der anderen Kollegen zu zugreifen, wurden in der Vergangenheit Beziehungen und gemeinsame Erfahrungen aufgebaut.

4.2.3. Physische Dimension

Die physische Dimension bezieht sich auf die „körperlichen" Eigenschaften von Erfahrungswissen. Im Konzept Deep Smarts wird dieser Indikator als *Sinnliche Intelligenz* beschrieben.[320] Dabei nehmen die Sinne des menschlichen Körpers Informationen über Materialien oder Geräusche auf. Die Informationen werden verarbeitet und schärfen die Urteils- und Diagnosefähigkeit. Durch die Untersuchung im Planungsbereich wurde ein weiterer Indikator ermittelt, der die physische Dimension ergänzt: Die *Anwendungslogik* (siehe Abbildung).

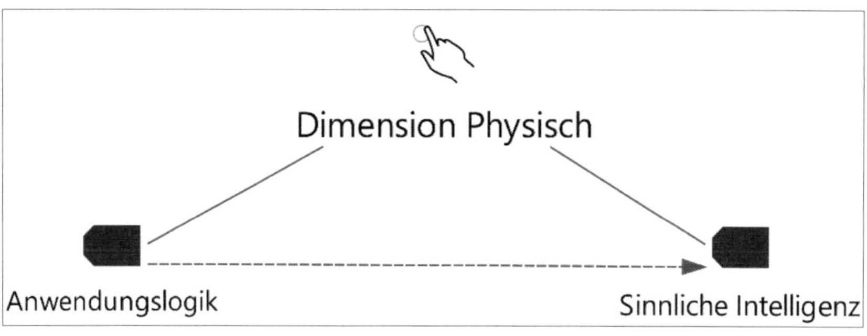

Abbildung 29: Subkodes physische Dimension

[319] Interview Nr. 1.

[320] Siehe dazu die Dimension Sinnliche Wahrnehmung im Konzept des Subjektivierenden Arbeitshandelns, Kap. 2.3.1.

Der Indikator *Anwendungslogik* weist die Besonderheit auf, aus virtuellen Systemen oder theoretischen Annahmen konkrete praktische Anwendungen zu entwickeln. Er hat Überschneidungspunkte zur kognitiven Dimension, da der Planer durch sein *Urteilsvermögen* und die *Strukturerkennung* samt Kontext ebenfalls zu treffsicheren Prognosen gelangt. Der unidirektionale Pfeil bedeutet, dass die *Sinnliche Intelligenz* durch die Anwendungslogik gespeist und beeinflusst wird.

Anwendungslogik beinhaltet zudem noch die Eigenschaft, dass der Planer eine Logik ableitet zwischen einer theoretischen Annahme oder rechnergestützten Daten und der daraus folgenden praktischen, physischen Anwendung. Die Konsistenz zwischen „Theorie und Praxis" hat sich über jahrelanges Ausprobieren weiterentwickelt. Die nächste Tabelle skizziert die physische Dimension von Erfahrungswissen.

Tabelle 9: Physische Dimension Erfahrungswissen

Dimension (Hauptkode)	**Indikator (Subkode)**	**Ausprägung**
Physisch/Körperlich	Sinnliche Intelligenz	Fähigkeit durch die Sinne zu diagnostizieren, zu interpretieren und zu prognostizieren
	Anwendungslogik *(Ergänzung)*	Auswirkungen von Theoriekonzepten auf die praktische Anwendung; Hohe Konsistenz und Wechselseitigkeit zwischen physischem und virtuellem System

Zur physischen Dimension wurden die meisten Hinweise in den Daten gefunden. Dies hängt damit zusammen, dass die Produktionsplaner virtuelle Systeme und Prozesse planen, die in der Echtzeit bzw. in der zeitlich verzögerten Umsetzung durch konkrete, physische Abläufe in der Produktion funktionieren müssen. Hierdurch hat der Planer eine schnelle Rückkopplung, ob das theoretisch „Geplante" durch die praktische Umsetzung verifiziert wird.

Dieser Indikator weist einen hohen Erfahrungsgehalt auf, da er das Ergebnis eines Lernprozesses über viele Jahre ist. Die Technische Berufsausbildung, welche alle befragten erfahrenen Planer durchliefen, ließ sie eine Beziehung zu technischen Gegenständen und „realen" Prozessen aufbauen. Auch neue Planer, die vor ihrem Studium eine technische Berufsausbildung absolvierten, bringen das Geschick der Anwendbarkeit und Umsetzung mit. Die Dimension unterstützt überdies die Fähigkeiten mit den Kollegen aus der Produktion in den Dialog zu treten, z.B. bei der Behebung von Produktionsfehlern. Die nächste Darstellung fasst die Kriterien aus der Analyse zusammen, welche die Herausbildung der physischen Dimension unterstützte.

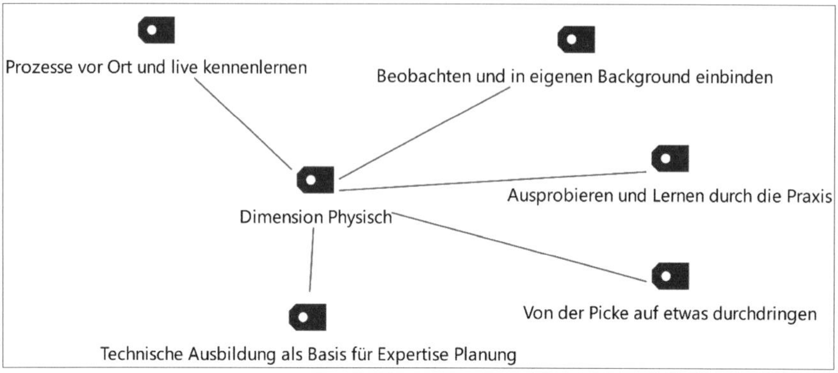

Abbildung 30: Entwicklungskriterien der physischen Dimension

Die nächsten Anwendungsbeispiele aus der Produktionsplanung zur physischen Dimension vervollständigen das konzeptionelle und praktische Bild der drei Dimensionen von Erfahrungswissen.

Anwendungsbeispiele

Die physische Dimension *Sinnliche Intelligenz* zeigt sich im Handeln der Produktionsplaner und bildet sich durch konkrete Praxiserfahrungen „Am Ort des Geschehens“ aus.

Beispiel 1: Vor Ort sein

> *„Wenn ich runter in die Produktion gehe, nehme ich das mit ganz anderen Augen wahr. Steig ein bisschen tiefer ein, nicht nur rein prozessual, sondern auch vom Verständnis tiefer. Wenn es ein technisches Problem gibt, z.B. warum macht man die Ausführung so, was sind die Gründe dafür, da hilft das unwahrscheinlich für das Verständnis und bei der Umsetzung. Denn letztendlich wird eine technische Situation generiert, die man in den Prozess bringen muss.*
>
> *(..) ich geh runter zur Linie und nehme Informationen ganz anders auf. Manchmal ist da so eine Informationskultur, man hört Fragmente, nimmt Fragmente auf und mit diesen kann man sich dann ein Bild zusammensetzen und dann kann man das Thema besser verstehen.“*[321]

Das Zitat zeigt den Einsatz der Sinnesfähigkeiten Sehen und Hören für die Analyse von Situationen, um daraus relevante Schlüsse und Interpretationen zu ziehen. Die

[321] Interview Nr. 14.

untere Textpassage beleuchtet den Informationsprozess, wo durch Assoziationen und Informationsfragmente ein logisches Gesamtkonstrukt entsteht.

Beispiel 2: Blechkonstruktion

Das zweite Beispiel erläutert den Subkode *Anwendungslogik*. Hier geht es um die Entscheidung eines Serienplaners, ein Bauteil „produktionstauglich“ zu konstruieren. Das Zitat zeigt auch das Abweichen von der Zeichnungsnorm, um eine erfolgreiche Lösung im zukünftigen Produktionsprozess zu erzeugen.

> *„Der Entwickler hat z.B. in einem Bauteil einen Radius eingezeichnet. Dieser Radius laut seiner Zeichnung ist 1mm und die Blechdicke ist 3 mm. Letztendlich können wir von den Maschinen und Werkzeugen her niemals ein Blech mit 3 mm Dicke fertigen. Ein erfahrener Planer weiß, dass Blech nicht im Radius von 1 mm umgebogen werden kann. Das sieht er sofort und kann sagen: Das wird so nie funktionieren, das musst du ändern an deiner Konstruktion. Ein erfahrener Planer weiß, wie viel er von seinem Ausgangsmaterial abstrecken kann, bevor es reißt.“*[322]

Dieses Erfahrungswissen bezieht der Planer aus vorherigen Projekten, wo derselbe Umformprozess zu Rissen im Bauteil führte.

> *„(..) ein erfahrener Planer hat schon einmal erlebt, wie etwas umgeformt worden ist. Er weiß ganz genau: Beim letzten Projekt, da hatten wir Risse oder war die Konstruktion so, da hatten wir enorme Probleme in der Serie.“*[323]

Beispiel 3: Messbarkeit von Arbeitsabläufen

Die Fähigkeit durch sinnliche Wahrnehmung konkrete Messzahlen zu entwickeln, ist Gegenstand des nächsten Beispiels. Hier erlernt ein neuer Planer, wie Arbeitsabläufe in der Produktion funktionieren und „messbar“ gemacht werden. Der neue Planer berichtet:

> *„Das konnte er [der erfahrene Planer] mir so direkt nicht beibringen, muss ich ehrlich sagen, weil es einfach von der Erfahrung rauskommt. Zum Beispiel von den 90 % wo der Mitarbeiter extra langsam arbeitet oder extra schnell, dass beispielsweise zu sehen, das kann man so gar nicht beibringen, da braucht man*

[322] Interview Nr. 3.
[323] Interview Nr. 3.

sehr viel Übung. Das muss man oft gemacht haben, um das selber einschätzen zu können."[324]

Fazit

Die Analyse der einzelnen Dimensionen von Erfahrungswissen zeigt die Vielschichtigkeit dieses Wissens. Einerseits ist das Vorgehen der Planer geprägt von vielen „unsichtbaren" mentalen Prozessen, andererseits zeigt sich das Wissen in den Handlungen – sei es durch das Anfassen von Bauteilen oder das Agieren in einer Gruppendiskussion. Erlebbar und sichtbar wird Erfahrungswissen zumeist über die Interaktion mit anderen Personen.

Die vorherigen Ausführungen zeigen, dass es zur Entwicklung dieses Wissens eines langen und wiederholten Anwendens und Ausprobierens bedarf. Anwendungs- und Lernkontext sind zumeist Gespräche mit anderen Personen oder die Umsetzung von Konzepten in der Praxis.

Darüber hinaus zeigt die Untersuchung die Verzahnung der unterschiedlichen Dimensionen von Erfahrungswissen zur erfolgreichen Bewältigung der Planungsaufgaben. Dies verdeutlicht eine Analyse, die den Zusammenhang der Dimensionen aufdeckt. Die folgende Abbildung visualisiert die Überschneidungshäufigkeit der Subkodes untereinander, das heißt das gleichzeitige Auftreten verschiedener Subkodes. Zur Veranschaulichung dienen die Subkodes *Anwendungslogik* und *Sinnliche Intelligenz* der physischen Dimension.

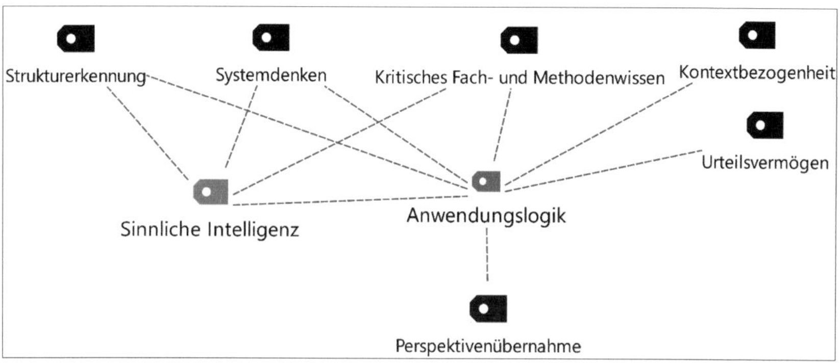

Abbildung 31: Verknüpfung Subkodes physische Dimension

324 Interview Nr. 10.

Sowohl die *Anwendungslogik*, als auch die *Sinnliche Intelligenz* sowie die Subkodes der anderen Dimensionen tauchen als Konglomerat auf. So wird Anwendungslogik bspw. von den Subkodes *Strukturerkennung*, *Systemdenken* wie auch *Kontextbezogenheit* und *Perspektivenübernahme* beeinflusst. Das Schaubild zeigt, dass sich die Subkodes einander bedingen und je nach Situation unterschiedlich genutzt werden, aber nicht für sich alleine stehen. Diese Verzahnung macht das Phänomen Erfahrungswissen so komplex.

Für den Aufbau von Erfahrungswissen und die Verfeinerung der einzelnen Dimensionen ist eine dauerhafte Anwendung und Übung notwendig. Der folgende Abschnitt nimmt Situationen im Arbeitsprozess der Produktionsplaner unter die Lupe, wo Erfahrungswissen expliziert und ausgetauscht wird. Dabei wird untersucht, welche Dimensionen von Erfahrungswissen in den Zusammenarbeitssituationen hervorgebracht werden. Das Explizieren des Erfahrungswissens durch Zeigen, Sprechen oder Handeln bildet die Grundlage für den Transfer dieses Wissens. Daher befasst sich der folgende Abschnitt auch damit, welche Form der Zusammenarbeit für Erfahrungswissenstransfer besonders geeignet ist.

4.3. Erfahrungswissenstransfer durch Zusammenarbeit

Um zu untersuchen, inwiefern sich die tägliche Zusammenarbeit in der Produktionsplanung für den Erfahrungswissenstransfer eignet, wurden die auftretenden Zusammenarbeitsformen analysiert und strukturiert. Hierbei wurde der Fokus auf die Ausprägungen[325] des Erfahrungswissens entlang der Dimensionen kognitiv, verhaltensorientiert und physisch in Abhängigkeit der jeweiligen Zusammenarbeitsform gelegt.[326] Die Ausprägungen von Erfahrungswissen unterscheiden sich je nach Zusammenarbeitsform. Zusammenarbeitsformen stellen eine Möglichkeit der kommunikativen Abstimmung dar. Daher werden die Begriffe Zusammenarbeitsform und Abstimmungsform in den folgenden Ausführungen synonym verwendet.

4.3.1. Zusammenarbeitsformen in der Produktionsplanung

Die folgende Abbildung zeigt die Zusammenarbeitsformen im Arbeitsprozess der Produktionsplanung. Zur Kategorisierung der Zusammenarbeitsformen wird das Konzept

[325] Hiermit ist der Intensitätsgrad des ausgetauschten Erfahrungswissens gemeint.
[326] Siehe Abschnitt 4.2.

zur informalen und formalen Abstimmung von Vahs sowie Schreyögg/Geiger verwendet. Unter die formalen Formen subsumieren die Autoren (Gremien-)Sitzungen, Besprechungen sowie Workshops. Zu den informalen Formen werden Face-to-Face Gespräche jeglicher Art gezählt, die unregelmäßig und ad hoc stattfinden.[327]

Abbildung 32: Zusammenarbeitsformen in der Produktionsplanung

Im Folgenden werden die besonderen Charakteristika der neun Zusammenarbeitsformen beschrieben.

Methodenteams, Erfahrungsrunden, Kollegengespräche sowie **Rücksprachen** werden den informalen Abstimmungsformen zugeordnet, weil die informalen Anteile überwiegen. Diese werden im Folgenden erläutert.

Methodenteams oder „Methodennachmittage" befassen sich mit fachlichen Problemstellungen und vergemeinschaften Erfahrungen, um Wissensstände anzugleichen. Bei den Mitgliedern handelt es sich um erfahrene Produktionsplaner, die sich je nach Abstimmungsbedarf innerhalb der Arbeitszeit zu Methoden oder Techniken als wesentliches Instrument ihrer Arbeit austauschen.

[327] Vgl. Vahs (2015), S. 84 ff. und Schreyögg/Geiger (2016), S. 13

Technik-Erfahrungsrunden sind ähnlich organisiert wie Methodenteams, da sie als „Problem- und Austauschforum" genutzt werden. Das besondere Charakteristikum ist das „Wegschließen" vom täglichen Arbeiten und das intensive Diskutieren über bereits gelöste oder zukünftig erwartete Problemstellungen. Die erfahrenen und unerfahrenen Mitglieder sind zumeist einem Bereich zugeordnet. Erfahrungsrunden finden unregelmäßig und anlassbezogen statt.

Kollegengespräche finden zumeist in kleinen Gruppen von zwei bis drei Personen in einer vertrauten Atmosphäre statt und beschäftigen sich mit technischen oder persönlichen Fragestellungen des Aufgabengebietes. Dabei wird anlassbezogen und spontan diskutiert. Kollegengespräche finden innerhalb und außerhalb des Arbeitsprozesses statt, z.B. bei einem Spaziergang auf dem Werksgelände.

Unter einer **Rücksprache** wird ein regelmäßiger Termin zwischen Führungskraft und Mitarbeiter verstanden, in welchem fachliche und „persönliche" Themen angesprochen werden. Die Rücksprache ist durch die Arbeitsorganisation vorgegeben und findet mit der nächsthöheren Ebene statt. Sie wurde der informalen Kategorie zugeordnet, weil sie als ein Face-to-Face Gespräch gestaltet ist. Ob diese Zusammenarbeitsform für die konkrete Lösung von Aufgaben oder Problemen genutzt werden kann, hängt von den Personen ab, die interagieren.

Die **Modulgruppe**, der **Arbeitskreis**, das **Shopfloor**, die **Task-Force** sowie die **Regelkommunikation** gelten gemäß der Untersuchung als formale Zusammenarbeitsformen und sind zumeist als Besprechung oder Sitzung deklariert.

Die **Modulgruppe** erfolgt regelmäßig und gleicht einer Projektsitzung. Verschiedene Funktionen (z.B. Entwicklung, Produktion) und nahezu alle Schnittstellen eines Produktionsplaners treffen hier aufeinander und diskutieren Konzepte oder berichten Arbeitsstände. Auch werden Entscheidungsvorlagen für höhere Management-Ebenen vorbereitet. Der Adressatenkreis einer Modulgruppe kann sich auf bis zu 100 Teilnehmer erstrecken.

Arbeitskreise werden dann einberufen, wenn bestimmte Themen die **Modulgruppensitzung** zeitlich oder inhaltlich zu sehr ausdehnen. Hierzu treffen sich die relevanten Wissensträger zu Sonderterminen und besprechen Fragestellungen oder bewerten Projekte retrospektiv. Der Teilnehmerkreis ist auch hier interdisziplinär besetzt.

Das **Shopfloor-Management** ist eine Zusammenarbeitsform, bei der sich Teams oder Abteilungen regelmäßig, z.B. wöchentlich oder täglich, zu Arbeitsinhalten, Arbeitsständen oder Problemen austauschen. Das Shopfloor-Management leitet sich aus dem Produktionssystem nach Lean-Prinzipien[328] ab. Hiernach ist das „Shopfloor-Management" ein Führungsinstrument, das den Produktionsmitarbeiter eng in den Führungsprozess einbindet.[329] Die Planer haben dieses Instrument in ihre Zusammenarbeit integriert.

Die **Regelkommunikation**[330] findet einmal pro Woche unter allen Mitgliedern eines Teams statt. In dieser formalen, zumeist zweistündigen Besprechung berichtet die Führungskraft über Informationen, Neuerungen oder Aufträge aus der Kaskade. Auch in dieser Zusammenarbeitsform stimmen sich Produktionsplaner zu aktuellen Arbeitsständen ab.

Die **Task-Force** (z.Dt. Krisenstab) ist eine Zusammenarbeitsform, in der Wissensträger, die als Experten einer Fachthematik gelten, zur Lösung von Problemen über einen kurzen Zeitraum kooperieren. Eine Task-Force wird zumeist vom höheren Management einberufen, wenn bestimmte Sachlagen geklärt oder Probleme unter Zeitdruck behoben werden müssen.[331]

Bei der vorgenommenen Kategorisierung in formale und informale Zusammenarbeitsformen in der Produktionsplanung fällt auf, dass die formalen Zusammenarbeitsformen überwiegen.

Im nächsten Schritt wurde das Datenmaterial entlang typischer Gesprächsinhalte in den genannten Zusammenarbeitsformen untersucht. Dabei fällt auf, dass die formalen Zusammenarbeitsformen dazu verwendet werden, überwiegend explizite Wissensinhalte und Informationen auszutauschen. Die informalen Formen dringen zu impliziten,

---

328 Siehe Koether/Meier (2017), S. 11 ff.

329 Koether/Meier (2017), S. 252: „Unter Shopfloor wird ist Ort der Wertschöpfung zu verstehen. (..) Shopfloor-Management hat das Ziel, Führungskräfte dabei zu unterstützen, Prozesse zu optimieren und kontinuierlich weiterzuentwickeln. (..) dabei wird zwischen physischen Treffen und Aushangstrukturen unterschieden. (..) Die täglichen Schichtbesprechungen beinhalten das schriftliche Erfassen von aufgetretenen Problemen und Ideen und dauern nicht länger als 15 min."

330 Koether/Meier (2017), S. 252: „Einmal pro Woche dienen Besprechungen zwischen den operativen Einheiten und dem Teamleiter der Klassifizierung und Clusterung von Problemen und Ideen. Es folgt eine Entscheidung über die weitere Handhabung der identifizierten Sachlagen. Diese Meetings sind ausführlicher zu gestalten (..)."

331 Duden online (2017): „Für eine begrenzte Zeit gebildete Arbeitsgruppe [mit umfassenden Entscheidungskompetenzen] zur Lösung komplexer Probleme.", URL siehe Literaturverzeichnis.

erfahrungsbezogenen Wissensinhalten vor. Die folgende Tabelle gibt einen Überblick zu den Gesprächsinhalten in der jeweiligen Zusammenarbeitsform.

Tabelle 10: Gesprächsinhalte formaler und informaler Zusammenarbeitsformen

Gesprächsinhalte	
Formale Zusammenarbeitsform	**Informale Zusammenarbeitsform**
Statusberichte	Vorgehensweisen
Abteilung- oder Bereichsinformationen	Netzwerkpartner
Tools und Methoden	Kontextwissen
Fachwissen	„Geballte“ Informationen
Auftrags- und Zuständigkeitsklärung,	Reflektion
Zuständigkeiten	Feedback
Prozesse	Ansprechen von Problemen
Formfehler	Inhaltliche oder menschliche Fehler
...	...
Tendenziell explizite Gesprächsinhalte	**Tendenziell implizite Gesprächsinhalte**

Informale Zusammenarbeitsformen, wie z.B. das Kollegengespräch oder die Erfahrungsrunde, bieten die Gelegenheit auf das Erfahrungswissen der anderen Gesprächsteilnehmer zurückzugreifen und auf „dahinterliegende“ Zusammenhänge vorzustoßen. Der Teilnehmerkreis besteht aus wenigen Personen, der Austausch zu einzelnen Themen dauert zeitlich länger als im Rahmen der **formalen Zusammenarbeitsformen**.

Diese werden eher dazu verwendet, Fakten- und Fachwissen an eine größere Gesprächsrunde in kürzeren, zeitlichen Abständen zu explizieren. Zur Darstellung der Unterschiedlichkeit der neun Zusammenarbeitsformen dient die folgende Matrix. Die Dimension „Gesprächsinhalte“ (Y-Achse) wird in Bezug gesetzt zur Dimension „Zusammenarbeitsformen“ (X-Achse).

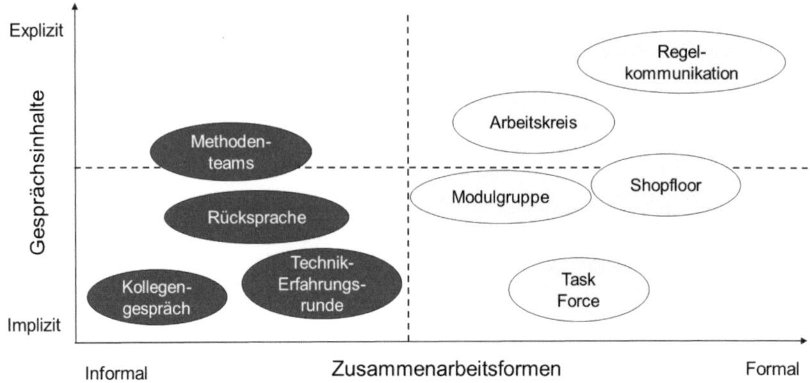

Abbildung 33: Zusammenarbeitsformen und Gesprächsinhalte-Matrix

Die Matrix zeigt, dass der Grad der Gesprächsinhalte vom Grad der Formalität der Zusammenarbeitsform abhängt. Zudem ist ersichtlich, dass zum Austausch von erfahrungsrelevanten, impliziten Gesprächsinhalten eher informal orientierte Zusammenarbeitsformen verwendet werden. Allerdings weisen die formalen Abstimmungsformen Task Force, Modulgruppe und Shopfloor ebenfalls erfahrungsrelevante Gesprächsanteile auf.

Im Folgenden wird daher herausgearbeitet, welche Dimensionen von Erfahrungswissen in den Zusammenarbeitsformen betroffen sind. Von den vorliegenden neun Zusammenarbeitsformen wurden fünf ausgewählt, die nach der Analyse des Datenmaterials über einen großen Anteil erfahrungsbasierter Gesprächsinhalte verfügen.

4.3.2. Austausch von Erfahrungswissen in der Zusammenarbeit

Die folgende Tabelle zeigt die Zusammenarbeitsformen und ihre Gesprächsinhalte und gewichtet den Erfahrungswissensgehalt entlang der kognitiven, verhaltensorientierten und physischen Dimension.

Tabelle 11: Erfahrungsbasierte Gesprächsinhalte in Zusammenarbeitsformen

Zusammen-arbeitsform	**Kollegengespräch**	**Technik-Erfahrungsr.**	**Modulgruppe**	**Shopfloor**	**Task-Force**
	informal		**formal**		
Gesprächsinhalt	- Spezifisches Wissen erfragen - Persönliches austauschen - Bedenken äußern - Probleme besprechen - Hintergründe erfahren - Vorgehensweisen diskutieren - Feedback einholen	- Methodische, technische Probleme intensiv diskutieren - Fachliche Fragestellungen erörtern - sich abgleichen - Prozesse optimieren - Wissen vergemeinschaften	- Probleme ansprechen - Lösungsvorschläge andiskutieren - Zuständigkeiten festlegen - Aufträge verteilen - Perspektiven und Interessen anderer kennenlernen - Erfahrungen früherer Projekte austauschen - Wissen vergemeinschaften	- Probleme andiskutieren - neue Ideen aufgreifen - Arbeitsstände abgleichen - Abteilungsinformationen erhalten - Arbeitsprozesse, Vorgehensweisen vereinheitlichen	- Problemlösungswege diskutieren - Spezialistenwissen austauschen - Intensives Diskutieren von Erfahrungen und Ursache-Wirkungsbeziehungen zur Behebung von Problemen
Beispielzitat	*„Also wir sitzen auch oft im Teamleiter-Kreis spontan zusammen. Da ist die Kultur, wenn wir ein Problem haben oder uns kurzschließen müssen. Oder einer kommt, ich habe gerade ein kniffliges Problem, Du hast doch auch jede Menge Erfahrung, sei es in der Führung, sei es in der Technik, sei es was Persönlches.“*[337]	*„(..) wo wir dann zyklisch immer wieder zusammengespannt werden oder Termine haben, wo wir mit Achse-Getriebe-Kollege, und andere Standorte, die auch zur Abteilung gehören, uns einfach austauschen und durch Workshops versuchen unsere Methoden anzugleichen oder den besten Weg zu finden, wie man es lösen könnte oder am einfachsten.“*[336]	*„(..) in der Modulgruppe sind sämtliche Plattformen auf der Arbeitsebene: Einkauf, Qualität, Entwicklung, Produktion und da ist der Lerneffekt, der Benefit neben der Technik dieses Networking. Mit Networking Verbindungen aufbauen, einschätzen und lernen, wie tickt der andere.“*[334] *„(..) wir haben über die Art, wie wir zusammenarbeiten eine riesen Kommunikationsplattform, in dem Wissen vergemeinschaftet wird, was ein hohes Gut von der Projektarbeit ist-in unseren Modulteams.“*[335]	*„Der Wissenstransfer ist nicht wirklich strukturiert vorgegeben. Wir haben einen Regelkreis. Am Anfang täglich, jetzt zweitägig, so ein Shopfloor-Board, wo man Informationen austauscht. Das Problem ist die Freiwilligkeit. Also ich sehe der Person oder mir nicht an, ob ich jetzt was Fachliches mitgekriegt habe oder was Fachliches weitergeben könnte, was für alle wichtig ist. Es ist mir freiwillig überlassen, ob ich das kundtue oder nicht.“*[333]	*„(..) [eine] ereignisbezogene Taskforce [ist], wenn man zwei Mal in der Woche zusammengesessen ist, wo eine extreme Feinabstimmung stattfindet mit allen Beteiligten oder direkt vor Ort. Und dann auch eskalieren lassen, nicht im Sinne von anzählen, sondern wir haben diese Situation auf der einen Seite mit diesen Auswirkungen und die andere mit jenen Auswirkungen.“*[332]
Dimension* Erfahrungswissen	Dimension Erfahrungswissen: Gewichtung: +++= hoch, ++= mittel, += niedrig				
Kognitiv	++	+++	++	++	+++
Verhaltensorientiert	+++	+	+++	++	+++
Physisch	+	+++	+	+	+++

* Kognitive Dimension, z.B. Urteilsvermögen, Handlungen in Gesamtkontext beziehen.
Verhaltensorientierte Dimension, z.B. Umgang mit Menschen, Bewertung von Situationen.
Physische Dimension, z.B. Fähigkeit zu diagnostizieren durch Berührung oder andere Sinne.[338]

---

[332] Interview Nr. 14.
[333] Interview Nr. 6.
[334] Interview Nr. 14.
[335] Interview Nr. 12.
[336] Interview Nr. 6.
[337] Interview Nr. 12.
[338] Siehe dazu Abschnitt 4.2.

Das **Kollegengespräch** und die **Technik-Erfahrungsrunde** als **informale Abstimmungsform** werden verwendet, um persönliche Anliegen und Probleme anzusprechen. Mit Hilfe des Erfahrungsaustausches werden Lösungen für die eigenen Handlungsstrategien erarbeitet. Die anderen drei **formalen Abstimmungsformen** weisen eine breitere „Verteilungsebene" von Erfahrungswissen auf. Es sind oftmals gesamtorganisatorische Fragestellungen oder auch technisch anspruchsvolle Problemstellungen, die in den komplexen Projektstrukturen gemeinsam beantwortet werden. Die Abstimmungsformen **Modulgruppe** und **Task-Force** enthalten die Besonderheit, gleichzeitig auf das Erfahrungswissen unterschiedlicher Funktionsbereiche zuzugreifen.

Das Ergebnis zeigt, dass in allen Zusammenarbeitsformen erfahrungsrelevante Inhalte ausgetauscht werden. Unterschiede sind in der inhaltlichen Reichweite sowie der Erfahrungstiefe zu sehen: Handelt es sich um organisatorische, zwischenmenschliche oder technische Inhalte. Das folgende Zitat unterstreicht dies.

> *„Es ist die Frage, [um] welches Problem [es sich handelt]. Es gibt Probleme organisatorischer Natur. Es gibt Probleme disziplinarischer Natur, als Projektleiter ist man ja eigentlich gar nicht disziplinarisch führend, und es gibt Probleme auf der Technik-Seite."*[339]

Je nach Abstimmungsform werden die physischen, verhaltensorientierten und kognitiven Dimensionen von Erfahrungswissen mehr oder weniger sichtbar. Die folgenden Ausführungen zeigen, dass dies mit dem Inhalt und den Konstellationen in der jeweiligen Zusammenarbeit verbunden ist.

Kognitives und physisches Erfahrungswissen wird bewusst in der **Technik-Erfahrungsrunde** und der **Task-Force** expliziert und weiterentwickelt. In der **Erfahrungsrunde** werden Arbeitsmethoden durch gesammelte Erfahrungen angepasst oder neue Technologien bewertet. Hierdurch findet eine „Vergemeinschaftung" von Erfahrungswissen statt und teilweise wird durch diesen Erfahrungsaustausch neues Wissen geschaffen. Die Zusammenarbeitsform „**Task-Force**" wird auch dazu genutzt, Probleme zu lösen, die ad hoc im Arbeitsprozesses auftauchen und unter zeitlichem Druck stehen. Im folgenden Beispiel wird zur Lösung des Problems „Konturstörung an Bauteil" eine Abstimmung im Task-Force-Modus einberufen. Der folgende Textausschnitt gibt Einblicke in den Problemlösungsprozess.

[339] Interview Nr. 14.

„Wir haben eine Rolle und ein kleines Wälzlager drin und haben da gerade so ein paar Probleme, dass die Rolle heiß wird und das Lager anläuft. Man weiß noch nicht so hundertprozentig, wo es herkommt. Oder ganz neu haben wir noch andere Probleme. Das rasselt ein bisschen bei bestimmten Betriebsfällen und da sind wir gerade dabei, das mit dem Lieferanten zu klären und zu gucken, was man machen kann. Dann wird das Bauteil in verschiedenen Toleranzen gefertigt und getestet und geguckt, ob´s daran liegt. Gerade beim Rollenstößel habe ich viel auf den erfahrenen Kollegen zurückgegriffen."[340]

Das Zitatbeispiel stammt von einem neuen Planer, der bei der Problemlösung auf die Vorgehensweisen seines erfahrenen Kollegen zurückgreift. In dieser Abstimmungsform findet ein intensiver Austausch mit erfahrenen Experten statt. Zur Problemlösung wird unter anderem ein Trial-and-Error-Verfahren mit allen Beteiligten des Produktionsprozesses eingesetzt, um an Ideen für die Störungsquelle zu gelangen. Das Zitat verdeutlicht die enge Abstimmung zwischen Produktionsplaner, Produktion und Lieferant.

Die **verhaltensorientierte** Dimension wird in den Zusammenarbeitsformen **Kollegengespräch** und **Modulgruppe** sichtbar und erlernbar. Das folgende Zitat beschreibt eine Problemlösung durch die Abstimmungsform der Modulgruppe.

„Die Produktioner hätten das Kurbelgehäuse so und so gestaltet, damit sie das sauber auf die Anlage kriegen. [Dann sagt die Entwicklung:] Hei, ich krieg die Kühlung nicht hin oder die Leistung nicht. Sie haben immer Interessenskonflikte. Punkt eins ist mit den Menschen umzugehen und dann von denen akzeptiert zu werden, weil das Know-how haben ja die Kollegen, nicht Sie. Das sind Themenstellungen, die sehr viel Erfahrungswissen mit sich bringen. Also, je öfter Sie solche Situationen haben, da wachsen Sie dran."[341]

Das Zitat zeigt, wie die verhaltensorientierte Dimension von Erfahrungswissen zum Vorschein kommt. Die Abstimmungsform Modulgruppe lässt die Interessen aber auch die Erfahrungswerte der einzelnen Funktionsbereiche zu Wort kommen. Dieses Gremium stellt für erfahrene und unerfahrene Produktionsplaner ein wichtiges Instrument dar, um Arbeitsinhalte weiterzuentwickeln, z.B. durch die Einigung auf eine Konstruktion. Um zur Lösung zu gelangen, wird automatisch von vorhergehenden Erfahrungen

[340] Interview Nr.8.
[341] Interview Nr. 12.

berichtet. Es findet also durch die Interessenskonflikte der Austausch und damit der Transfer von Erfahrungswissen statt.

Die kommunikative Abstimmung in **formalen Abstimmungsformen** - bedingt durch Prozesse oder Projektziele – erfolgt in einem deutlich eingeschränkten Rahmen hinsichtlich der Zeitdauer, der Inhalte sowie der Teilnehmerkreise. Die **informalen Formen** lassen einen „weiteren“ Abstimmungsrahmen zu, der sich in spontanen Zusammenkünften unter länger dauernden Abstimmungszeiten ohne konkrete Themenvorgabe widerspiegelt.

Fazit

Die Auswertung der Zusammenarbeitsformen führt zu zwei Erkenntnissen: Erstens eignen sich die identifizierten Zusammenarbeitsformen, um Erfahrungswissen zu explizieren und damit an andere zu transferieren. Zweitens wird deutlich, dass ein Transfer erfahrungsbasierter Inhalte durch beide Formalisierungsgrade möglich ist.[342] Von besonderer Bedeutung ist zudem die Konstellation der Zusammenarbeit für den Erfahrungswissensaustausch. Der Teilnehmerkreis, die zeitliche Dauer sowie die inhaltlichen Themen bestimmen die Qualität des Erfahrungsaustausches, wovon wiederum der Transfer von Erfahrungswissen abhängt. Dieses Ergebnis spiegelt sich auch in der Forschung von Porschen wider.[343]

Daher lohnt sich eine tiefergehende Betrachtung dieser Konstellationen und Rahmenbedingungen. Der fortwährende Forschungsprozess bezieht sich folglich auf die systematische Untersuchung von Rahmenbedingungen in der Zusammenarbeit, die zu einem Gelingen des Erfahrungswissenstransfers führen.

4.4. Rahmenbedingungen für Erfahrungswissenstransfer

Um förderliche Rahmenbedingungen für den Erfahrungswissenstransfer zu erforschen, wurden aus dem vorliegenden Datenmaterial typische Situationen im Arbeits-

---

342 Addiert man die qualitative Gewichtung der einzelnen Erfahrungsdimensionen von Tabelle 12, gelangt man durchschnittlich bei beiden Formen auf einen Wert von 6,5 Punkten.

343 Vgl. Porschen (2008), S. 188: Porschen entwickelt Differenzierungskriterien für Abstimmungsformen. Hierzu zählen der Teilnehmerkreis oder die Fachfunktion, das inhaltliche Anliegen einer Abstimmung, z.B. Arbeits-, Planungs- oder Krisenabstimmung sowie die zeitliche Dimension, die mit den Attributen Ad-hoc (Sofort einberufene Abstimmungsform) oder Jour-Fix (routinierte, wöchentliche Besprechung) belegt wird. Sie kommt zu dem Schluss, dass sich vorwiegend informale Abstimmungsformen für den Transfer von Erfahrungswissen eignen.

prozess, wie z.B. Problemstellungen oder das Erarbeiten von Arbeitsinhalten ausgewählt. Interessanterweise fanden sich begünstigende Rahmenbedingungen im Arbeitsprozess selbst sowie diesen flankierend.

In Hinleitung auf die Ergebnisse zeigt der folgende Abschnitt drei erfolgreiche und drei nicht erfolgreiche Arbeitssituationen. Diese verdeutlichen, welche Rahmenbedingungen den Erfahrungswissenstransfer in der Zusammenarbeit begünstigen oder verhindern. Diese werden reflektiert und als Basis für die Erarbeitung von Rahmenbedingungen für einen gelingenden Erfahrungswissenstransfer verwendet. In der Untersuchung wurde das gesamte Material analysiert. Die folgenden sechs Beispiele dienen der Veranschaulichung.[344] Dabei wird zwischen positiven und negativen Beispielen unterschieden.

4.4.1. Beispiele für Arbeitssituationen

Positivbeispiel 1: Shopfloor

Um Probleme auf eine schnelle Weise zu identifizieren, verwenden die Produktionsplaner das Shopfloor-Management. Hierbei wird durch schnelles Fragen und offenes Ansprechen Erfahrungswissen aus vergangenen Situationen verbalisiert. Zudem findet eine schnelle Lösung für „kleine Anliegen" statt, wenn bspw. ein Kollege aus dem Netzwerk benannt wird, der bei Fragestellungen helfen kann.

> *„Die [Probleme] kann ich als Planer versuchen alleine zu lösen oder mit meinem Tischnachbar oder wir diskutieren das Thema an, im Shopfloor kurz, pass auf, da klemmt es. Dann sagt der eine: Hast du mit dem schon mal geredet oder hast du das schon einmal probiert?"*[345]

Die Zusammenarbeitsform Shopfloor, die zumeist in einem zehn bis zwanzigminütigen Zeitfester erfolgt, dient der Problemidentifizierung sowie des „Antriggerns" und Auslösens über Erfahrungen zu sprechen und damit Erfahrungswissen zu verbalisieren. Eine **wechselseitige, direkte** und zumeist schnelle **Kommunikation** ist Gegenstand dieser Abstimmungsform. Durch das **routinierte, nahezu tägliche Ausüben** dieser Arbeitsform entwickelt sich eine förderliche Form des Erfahrungsaustausches.

---

[344] In die Analyse flossen über 40 Arbeitssituationen ein. Darüber hinaus wurden die Forschungsergebnisse in einer Gruppendiskussion mit den Produktionsplanern reflektiert und weiterentwickelt.

[345] Interview Nr. 18.

Positivbeispiel 2: Modulgruppe

Die Modulgruppensitzungen dauern mindestens eine Stunde und werden zur Abstimmung von Konzepten oder auch für das Erarbeiten von technischen Lösungen verwendet.

> *„Es gibt zwar das Änderungsmanagement, aber das ist nur für einzelne Änderungen, da wird nur abgestimmt: „Gibt´s diese Änderung?“ und dann macht jeder seine Bewertung dazu, fertig. Aber eine wirkliche technische Durchsprache und Entwicklung einer Lösung, das gibt es nur in der Modulgruppe, wo dann alle zusammensitzen.“*[346]

Die Rahmenbedingungen in dieser Zusammenarbeitsform sind durch das **physische Abstimmen in einem Raum** und das **gemeinsame Erarbeiten einer Lösung** mit Hilfe unterschiedlicher Funktionen und Erfahrungshintergründe gekennzeichnet.

Positivbeispiel 3: Das Kollegengespräch

Das Kollegengespräch findet im Face-to-Face-Dialog oder im Austausch von mehreren Personen statt. Die folgenden drei Textauszüge beschreiben die unterschiedlichen Ausprägungen und Rahmenbedingungen dieser Zusammenarbeitsform.

> *„Wir haben einen Kollegen im Team, der das ziemlich gut kann und auch ziemlich oft macht und da ist es eben so, bei ihm kann man was lernen und sagen, hey, ich habe jetzt das Problem. Wie würdest du das angehen? Ich weiß, dass er schon eine pfiffige Idee hat. Bevor ich zwei, drei Stunden hier rumbastle und nicht die ideale Lösung habe, sage ich lieber, okay, ich geh zu ihm, weil man kennt sich ja langsam und weiß, wer welche Stärken hat, wer kann was besser.“*[347]

Hier greift ein neuer Planer durch **direkte, spontane Interaktion** auf das Erfahrungswissen seines Kollegen zu. Bevor er auf den Kollegen zugeht, ist er sich sicher, dass er eine Hilfestellung zur Lösung seines technischen Problems erhält.

Das zweite Textbeispiel verdeutlicht den Einbezug von Erfahrungswissen aus einem anderen Bereich, der Produktion. Für eine Konzepterstellung montiert der Planer **vor Ort im Arbeitsprozess** der Produktionskollegen mit, um ein neues Montagekonzept

[346] Interview Nr. 1.
[347] Interview Nr. 10.

zu erstellen. Zudem zeigt das Beispiel den **hohen Interaktionsgrad**, der sich durch einen **wechselseitigen Dialog** ergibt. Zudem berücksichtigt der Planer die Hinweise der Kollegen aus der Produktion für das entstehende Konzept.

> *„Ich bin zuallererst zu den Kollegen gegangen, die es montieren und habe mit denen mitmontiert, um zu sehen, wie es momentan ist. Dann mit Ihnen Rücksprachen gehalten: was glaubst du, was kann man verbessern? Dann haben die mir Rückmeldung gegeben und ich habe das ausgewertet, eine grobe Auflistung erstellt, wie ich es machen will und dann nochmal mit denen rückgesprochen, ob das so passt. Dann das erste Konzept erstellt, dann noch mal mit denen durchgegangen und montiert, ob es in der neuen Reihenfolge eine Optimierung gebracht hat. Und wenn es gut war, dann war es irgendwann final fertig.“*[348]

Das nächste Praxisbeispiel verdeutlicht die **Spontaneität** und das **kurze, intensive Austauschen** zu einer bestimmten Fragestellung. Auffallend ist hier ebenfalls die **Nähe** und das „**zu Wort Kommen**“ jedes Mitgliedes. Dieser Gesprächsraum lässt die Gelegenheit entstehen, Erfahrungswissen auszutauschen und in Form einer gemeinschaftlichen Erarbeitung zu vereinheitlichen.

> *„Dann haben wir einen Raum gebucht und sprechen das Konzept im Team durch und gucken, was wir herausbekommen. Dann bringt jeder seine Vorschläge und Verbesserungen ein und dann wird beschlossen, wie wir es machen.“*[349]

Die nächsten drei Negativbeispiele zeigen Rahmenbedingungen in der Zusammenarbeit, die einen Erfahrungswissenstransfer verzögern oder sich hinderlich für diesen auswirken.

Negativbeispiel 1: Zuständigkeitsfrage verzögert Problemlösung

> *„Wenn bei der Anlage irgendein Teil ausfällt oder verschlissen ist, dann kommt ein Anruf von unserer Produktion „Schau mal, dass die Anlage wieder läuft“. Ich frag erst mal: Bin ich überhaupt zuständig dafür? Für welche Umfänge bin ich zuständig?. Das ist auch bei erfahrenen Planern so. Oftmals gibt es Überschneidungen bei den Zuständigkeiten oder Unklarheiten: Welche Ansprechpartner*

[348] Interview Nr. 19.
[349] Interview Nr. 19.

habe ich hier, entscheide ich, darf ich das? Welche gesetzlichen Bindungen oder Normen habe ich? So ist das im Prozess."[350]

Durch **dezentrale Projektstrukturen, Umstrukturierungen** und **neue gesetzliche Anforderungen** verschieben sich Verantwortlichkeiten, die im Arbeitsprozess dazu führen, dass sich die eigentliche Problemlösung und ein möglicher Erfahrungswissenstransfer verzögert, da Zuständigkeitsfragen zuerst beantwortet werden.

Negativbeispiel 2: Entscheidungsstruktur verzögert Problemlösung

„Die Änderung ist eigentlich nur die Folgende [erklärt technisch]. Das einzige, was man gemacht hat, ist einen Bogen vom Zahnrad neu zu definieren, man hat es bauchiger gemacht. Das muss man erst einmal entwickeln. Das hat der Entwickler gemacht in Verbindung mit unserer Produktion und unserer Getriebetechnologie hat man diese Geometrie neu entwickelt. Das hat 2 Jahre gedauert und wir sind jetzt in den letzten Zügen."[351]

Obwohl es sich um eine umsetzbare, technische Lösung handelt, die über das Zusammenarbeiten von Produktion, Entwicklung und Produktionsplanung und das Nutzen des jeweiligen Erfahrungswissens schnell gelöst werden kann, kommt es aufgrund von **formalen Entscheidungsstrukturen** und **langen Abstimmungsprozessen** zu einer Änderungszeit von zwei Jahren.

Negativbeispiel 3: Formalität verhindert Aufgabenbewältigung

„Ich weiß zwar, das gilt als unhöflich, aber wenn ich sehe, was ich an Arbeitspensum leisten soll, um gute Arbeit zu machen und wie oft ich in Besprechungen bin, dann bin ich bewusst manchmal unhöflicher. Ich versuche zu filtern, wo kann ich weghören und wo kann ich arbeiten. Klar gibt es auch mittlerweile Besprechungen, wo Laptops verboten sind."[352]

Dieses Beispiel verdeutlicht, dass es einerseits (zu) viele formale Besprechungen gibt, die den konkreten Arbeitsbereich des Produktionsplaners nicht immer betreffen und andererseits in den formalen Abstimmungen das intensive Bearbeiten von Fragestellungen zu kurz kommt. Hierdurch nimmt der Teilnehmende am Geschehen der Sitzung eher passiv teil.

---

350 Interview Nr. 4.
351 Interview Nr. 14.
352 Interview Nr. 2.

Fazit

Nach Verdichtung des Datenmaterials aus den Situationsanalysen dienen die Gesprächsinhalte als erste wichtige Rahmenbedingung für die Wahl der Zusammenarbeitsform sowie die Qualität des Erfahrungswissensaustausches. Die **Inhalte der Zusammenarbeit** können auf **drei Anliegen** reduziert werden.

1. Problemlösung oder Problemidentifizierung,

2. Konzepterstellung oder Konzeptabstimmung,

3. Organisatorische, menschliche, technische Fragestellungen und Vorgehensweisen.

Arbeiten die Produktionsplaner an einer technischen Fragestellung ist es aufgrund der Organisationsstruktur notwendig, sich abzustimmen. Plattformen wie die **Technik-Erfahrungsrunde** oder **Modulgruppe** werden dazu genutzt, um Konzepte technischer Natur offen zu diskutieren und gemeinschaftlich zu erarbeiten. Zudem werden sie für die Erörterung grundsätzlicher Vorgehensweisen genutzt: Wie soll man sich verhalten? Wen soll man ansprechen? In welches Entscheidungsgremium soll man gehen?

Die Zusammenarbeitsform **Kollegengespräch** wird interessanterweise vom kontaktierenden Mitarbeiter für noch nicht ausgearbeitete Konzepte oder Ideen genutzt. Sie findet zumeist flankierend zum Arbeitsprozess statt. Die Interaktionsweise ist situativ, explorativ und offen gestaltet. Auch hier beziehen sich die besprochenen Inhalte auf Vorgehensweisen und Erfahrungen mit Gremien, Kollegen oder Vorgesetzen, die zu einer erfolgreichen Bearbeitung von Aufgaben genutzt werden.

Neben den inhaltlichen Anliegen als Auslöser für Erfahrungswissenstransfer weisen die Arbeitssituationen auf weitere **Rahmenbedingungen** hin, bei welchen Erfahrungswissen fließt oder zurückgedrängt wird. In Folge der Analyse von über vierzig Arbeitssituationen wurden **acht Dimensionen zu Rahmenbedingungen** der Zusammenarbeit identifiziert und systematisiert.[353] Diese sind Gegenstand des nächsten Abschnittes.

[353] Die Dimensionen bauen auf vorhergehende Forschungsarbeiten zu Rahmenbedingungen in Abstimmungsformen von Porschen (2008), Bolte/Neumer/Porschen (2008); Vahs (2015); Schreyögg/Geiger (2016) auf. Eine Auflistung findet sich in Abschnitt 2.3.2 „Koordination und Abstimmungsformen" sowie im Abschnitt 4.3.1.

4.4.2. Dimensionen zu Rahmenbedingungen der Zusammenarbeit

Zunächst werden die acht Dimensionen der Rahmenbedingungen vorgestellt und dann zur jeweiligen Zusammenarbeitsform und dem inhaltlichen Anliegen zugeordnet.

Formalität

Hierunter werden die informalen und formalen Abstimmungsformen gegliedert.[354] Unter den formalen Formen werden (Gremien-)Sitzungen, Besprechungen oder Workshops, unter den informalen Formen Face-to-Face Gespräche subsumiert.

Anlass

Als Anlass wird der Mobilisierungszeitpunkt einer Handlung verstanden. Ist dieser situativ, z.B. wenn auf ein unvorhergesehenes Ereignis zeitnah reagiert oder zufällig bestimmte Abstimmungen getätigt werden, oder erfolgt die Mobilisierung prozessgesteuert, z.B. aufgrund einer Zielvorgabe und Meilensteins im Projekt.

Einbettung

Die Einbettung bezieht sich auf die Zusammenarbeit im Arbeitsprozess. Hier ist zu unterscheiden, ob die Abstimmung innerhalb des Arbeitsprozesses stattfindet oder diesen flankiert. Flankiert bedeutet, dass die Abstimmung nicht direkt im Arbeitsprozess, jedoch nah an diesem geschieht. Wenn sich ein Planer im Vorfeld einer „offiziellen“ Sitzung mit einem Kollegen zu einer Vorgehensweise bespricht, so geschieht diese Abstimmung flankierend zum Arbeitsprozess.

Ort

Hier wird zwischen real und virtuell unterschieden. „Real“ meint die physische Zusammenkunft im selben Raum. Als virtueller Ort werden z.B. Telefon- oder Videokonferenzen bezeichnet.

Interaktionsgrad

Der Interaktionsgrad definiert die Kontakthäufigkeit, die Wechselseitigkeit der Kommunikation sowie die Länge des Redebeitrages in einer Zusammenarbeitsform. Diese wird gewichtet nach hoch, mittel und niedrig.

---

[354] Siehe detaillierte Ausführungen in Abschnitt 4.3 sowie 2.3.2.

Teilnehmerkreis

Hierunter werden die Teilnehmerzahl sowie die Zugehörigkeit zum Fachbereich verstanden.

Dauer

Als Dauer ist der Zeitraum eines Austausches definiert.

Zeitpunkt

Für den Zeitpunkt kann zwischen ad hoc (sofort) oder regelmäßig, wiederkehrend unterschieden werden.

Die folgende Ergebnisdarstellung zeigt die **Zusammenarbeitsformen**, dort behandelte **inhaltliche Anliegen** sowie die **Dimensionen** der **Rahmenbedingungen**, welche durch die Situationsanalyse abgeleitet wurden. Die Zuweisung der Dimensionen zu den Zusammenarbeitsformen kann nicht trennscharf vorgenommen werden, da diese in der betrieblichen Realität oftmals verschwimmen. Daher sind die zugeordneten Dimensionen als Schwerpunkte zu sehen.

Die Tabelle zeigt, dass das **Kollegengespräch**, die **Technik-Erfahrungsrunde** und zu Teilen auch die **Task-Force** zumeist **ad hoc und situativ** stattfinden, **wenig Teilnehmer** beinhalten, und einen **realen, physischen Austausch-Charakter** aufweisen. Der Anlas und damit der Auslöser für die Abstimmungsform ist das jeweilige inhaltliche Anliegen. Die Interaktion ist mittel bis hoch.

Die Zusammenarbeitsformen **Modulgruppe** und **Shopfloor** finden prozessgesteuert und regelmäßig statt. Obwohl die Modulgruppe eine **zeitlich hohe „Austausch-Dauer“** aufweist, wirken sich der **niedrige Interaktionsgrad**, also das Ausbleiben wechselseitiger Dialoge sowie die große Teilnehmerzahl, hinderlich auf einen tiefergehenden Erfahrungswissenstransfer aus. Auch das Shopfloor bietet zumindest eingeschränkte Möglichkeiten eines Erfahrungswissenstransfers. Aber auch wenn es gerade keine Problemstellung gibt, „zwingt“ die Zusammenarbeitsform die Teilnehmer Wissen auszutauschen. Aufgrund der „definierten“ kurzen Austausch-Dauer können Probleme andiskutiert werden. Die tiefergehenden Diskussionen finden zumeist in einem nachfolgenden Kollegengespräch statt.

Der folgende Abschnitt fasst die Analyse der positiv wirkenden Rahmenbedingungen für den Erfahrungswissenstransfer zusammen.

Tabelle 12: Rahmenbedingungen in den Zusammenarbeitsformen

Zusammenarbeitsform	**Kollegengespräch**	**Technik-Erfahrungsrunde**	**Modulgruppe**	**Shopfloor**	**Task-Force**
Gesprächsinhalt	- Problemlösung oder Problemidentifizierung - Konzepterstellung und -abstimmung - Vorgehensweisen	- Konzepterstellung - Technische Vorgehensweisen und Lösungsideen	- Vorgehensweisen zu technischen oder organisatorischen Fragestellungen - Konzepterstellung und Konzeptabstimmung	- Problemidentifizierung - Schnelle Lösung „kleiner" Anliegen - Vorgehensweisen	- Problemidentifizierung und -lösung
Dimension der Rahmenbedingung					
Formalität	informal	informal	formal	formal	formal
Anlass	situativ	situativ	prozessgesteuert	prozessgesteuert	situativ
Einbettung	Arbeitsprozess flankierend	Arbeitsprozess flankierend	im Arbeitsprozess	im Arbeitsprozess	im Arbeitsprozess
Ort	real	real und virtuell	real und virtuell	real	real
Interaktionsgrad	hoch	mittel	niedrig	mittel	hoch
Teilnehmergröße	2-5	3-8	10-100	5-10	variiert, eher wenig
Fachbereich	variiert	gleich	interdisziplinär	gleich	interdisziplinär
Dauer	variiert, eher kurz	länger als 1 Stunde	länger als 1 Stunde	ca. 20 min.	viele Stunden
Zeitpunkt	ad hoc	ad hoc	regelmäßig	regelmäßig	ad hoc

4.4.3. Gelingende Rahmenbedingungen für den Erfahrungswissenstransfer

Gelingende Situationen für den Erfahrungswissenstransfer entstehen immer dann, wenn inhaltliche Gegenstände des Arbeitsgebietes oder der Arbeitsbeziehung betroffen sind. Die Teilnehmer dieser Fallstudie stammen aus der Produktionsplanung, daher umfasst der Gegenstandsbereich zumeist technische Fragestellungen, Vorgehensweisen oder Problemlösungen. Hierzu eignen sich sowohl informale als auch formale Zusammenarbeitsformen, wenn diese bestimmte Rahmenbedingungen erfüllen: Eine hohe Wechselseitigkeit in der Kommunikation, die Einbindung und das „zu Wort Kommen lassen" von Erfahrungsträgern unterschiedlicher Fachbereiche sowie das „vor Ort sein" und die notwendige Zeit des Austausches gehören hierzu.

Betrifft es tiefgreifende Inhalte, die sich bspw. in komplexen menschlichen oder technischen Problemstellungen äußern, eignen sich solche Zusammenarbeitsformen, die eine intensive Diskussion und ein Aufspüren der Ursachen zulassen. Gegeben ist dies vor allem durch das Kollegengespräch, durch die Technik-Erfahrungsrunde oder die Task-Force.

Die Untersuchungsergebnisse zu den Rahmenbedingungen wurden mit den Produktionsplanern weiterentwickelt. Besonders eine Gruppendiskussion am 07.04.2017, die als Workshop abgehalten wurde, erweiterte die Forschungsergebnisse bezüglich der Rahmenbedingungen.

Die acht Dimensionen der Rahmenbedingungen aus der vorherigen Tabelle 12 wurden zur Diskussion gestellt, um weitere positive Rahmenbedingungen für die Zusammenarbeit zu ermitteln. Durch den Workshop wurden die Rahmenbedingungen in Form von abstrahierten **„harten und soften" Faktoren** weiterentwickelt. Diese können auf jede Zusammenarbeitsform als Bewertungsraster angewendet und zur Anpassung dieser herangezogen werden. Sie sind Stellhebel für einen gelingenden Erfahrungswissenstransfer.

Zu den **soften Faktoren** zählt eine **gemeinschaftliche und explorative Vorgehensweise** bei der Lösung von Problemen. Eine **hohe Wechselseitigkeit** im Dialog bei der Besprechung von Themen aber auch eine **hohe Kontakthäufigkeit** der Erfahrungsträger reichert die Qualität der Zusammenarbeit und damit des Erfahrungsaustausches an. Die Wechselseitigkeit wird überdies durch gezeigte **Eigeninitiative** begünstigt. Nicht zu warten, bis das nächste offizielle Gremium stattfindet, sondern vielmehr die vorherige Klärung „am Ort des Geschehens“ bei der Entwicklungsabteilung oder in der Produktion.

Zu den **„harten“ Faktoren** zählt die **Ergebniserwartung** beim Zusammenkommen in der jeweiligen Zusammenarbeitsform. Eine klar geäußerte Ergebniserwartung, die das Ziel und die Erwartungen an die Abstimmung verbalisiert, wird als begünstigend angesehen. Vor allem die informalen Zusammenarbeitsformen werden deswegen verwendet, weil der „Fragende“ die **Erfolgswahrscheinlichkeit des Austausches** hoch einschätzt. Entweder weil er Erfahrungswissen erhält oder weil im Rahmen der Abstimmungsform seiner Einschätzung nach viel Erfahrungswissen fließen wird.

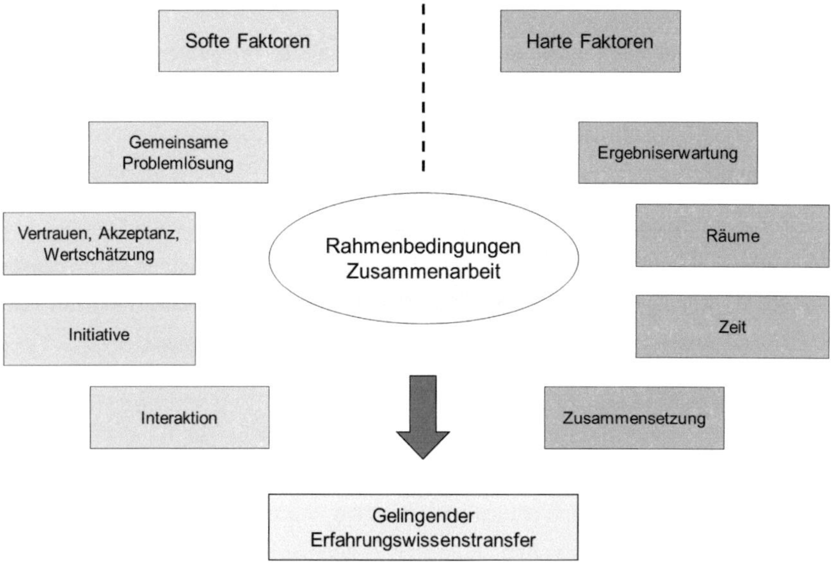

Abbildung 34: Begünstigende Rahmenbedingungen Erfahrungswissenstransfer

In Zeiten der Veränderung der physischen hin zu virtuellen Zusammenarbeitsformen nimmt der **Raum** als Rahmenbedingung für Erfahrungswissenstransfer einen hohen Stellenwert ein. Eine Erkenntnis ist, dass die virtuellen Zusammenarbeitsformen, die durch Online-Besprechungsräume oder Video-Konferenztools ermöglicht werden, den **praktischen “Erfahrungsraum“** für das Austauschen und Transferieren von Erfahrungswissen einschränken.[355] Bolte et al. sehen den Erfahrungsraum als Grundlage,

[355] Vgl. dazu Böhle/Rose (1992), S. 179: „Je mehr eine konkrete Arbeitssituation durch die Prinzipien der Technik- und Arbeitsgestaltung geprägt wird, umso stärker wird für die Arbeitskräfte eine erfahrungsgeleitete Arbeit erschwert.“

um Arbeitsbeziehungen aufzubauen: „Wenn Entwickler im Maschinenbau häufig in die Produktionshallen gehen, so tun sie dies nicht nur deshalb, weil sie ein Problem vor Ort gegenstands- und handlungsvermittelt besprechen wollen; sie tun dies auch bewusst, um gemeinsame Erfahrungen und Erfahrungsräume mit den Mitarbeitern aus der Produktion aufzubauen und wechselseitig Erfahrungen auszutauschen.[356]

Der Transfer von Erfahrungswissen lebt in besonderer Weise vom individuellen Austausch von Wissensgeber und Wissensempfänger. Ein relevantes Kriterium für Erfahrungsaustausch ist das spontane, situative Handeln und Reagieren mit Sprache, Gestik und Mimik, was durch das **physische Zusammentreffen** – am besten am Ort der Problemursache – besser ermöglicht wird.

Als weiterer **„harter" Faktor** ist die **Zeit** zu sehen. Zeitliche Spielräume vergrößern ebenfalls situations- oder problembezogenes sowie spontanes Diskutieren von Themen. Eine Regelmäßigkeit in den Zusammentreffen wirkt sich ebenfalls positiv auf die Zusammenarbeit und damit den Erfahrungswissenstransfer aus. Nur sollte diese sich nicht an der Routine selbst orientieren, sondern nur, wenn es konkrete inhaltliche Anliegen gibt.

4.5. Fazit der Fallstudie

Durch die Analyse werden die bisherigen Forschungserkenntnisse zu Zusammenarbeitsformen als „Plattform" für Erfahrungswissenstransfer erweitert.

Als charakteristische Beispiele wurden fünf von Zusammenarbeitsformen in der Produktionsplanung identifiziert und in Bezug auf Erfahrungswissenstransfer systematisiert. Diese Basis erlaubte eine tiefergehende Analyse von Rahmenbedingungen, die den Erfahrungswissenstransfer ermöglichen. Dabei sei die Randbemerkung erlaubt, dass die Produktionsplanung schon viele Abstimmungsformen einsetzt, die (zumeist unbewusst) zu einem Erfahrungswissenstransfer führen. Interessanterweise wählen die Produktionsplaner im Rahmen ihrer Selbststeuerung die für die Problemlösung geeignete Form der Zusammenarbeit.

Eine weitere Erkenntnis der Fallstudie ist, dass formale Zusammenarbeitsformen in Teilen ebenfalls zum Transfer von Erfahrungswissen beitragen. In Bezug auf die infor-

[356] Bolte/Neumer/Porschen (2008), S. 124.

malen Zusammenarbeitsformen bestätigen die Forschungsarbeiten von Porschen sowie Bolte et al. das vorliegende Forschungsergebnis. Die Autoren sehen den Austausch und Transfer von Erfahrungswissen insbesondere in informalen Abstimmungsformen gegeben, da hier besondere Rahmenbedingungen vorherrschen.

Hierunter fassen sie vier Prinzipien, die auf die vorliegende Arbeit übertragbar sind.

1. situative, anlass- und problembezogene Selbststeuerung,

2. gemeinsame Erfahrungs- und Erlebnisräume,

3. Handlungs- und gegenstandsvermittelte Kommunikation,

4. anerkennende Bezugnahme zwischen Kooperationspartnern.[357]

Unter der situativen Selbststeuerung verstehen die Autoren das „eigene“ Aktivwerden im Vorfeld. Absprachen zu Vorgehensweisen werden hierzu getroffen, mögliche Probleme werden identifiziert. Als Erfahrungsraum bezeichnen die Autoren ein ähnliches Verständnis über den Kontext. Die gegenstandsvermittelte Kommunikation bezieht sich auf das Arbeitshandeln. Bestimmte Gegenstände aus dem Arbeitsumfeld dienen als Stütze, um Probleme zu lösen. Die gegenseitige Anerkennung beruht auf Akzeptanz und Vertrauen, das sich durch das gemeinsame Tun und das Einnehmen anderer Perspektiven ausbildet.[358]

Ein Argument ihres Konzeptes zur „informellen Kooperation“ besagt, dass durch das vorherige, informale Abstimmen viele Probleme, die in offiziellen Sitzungen auftauchen, vermieden werden und damit eine schnellere Entscheidungsfindung erzielt wird.

Allerdings weisen die Untersuchungen noch Forschungsbedarf hinsichtlich einer ausreichenden Definition und Systematisierung von Zusammenarbeitsformen auf. Es sei noch nicht erforscht, welche kommunikative Abstimmungsform sich für welche Aufgabenbearbeitung eignet und wann es geeigneter sei, die Abstimmung den Wissensträgern selbst zu überlassen.[359] Die vorliegende Arbeit leistet zu dieser Fragestellung durch die Fallstudie – insbesondere Abschnitt 4.3 und 4.4 – einen Beitrag.

---

[357] Porschen (2008), S. 198; Bolte/Neumer/Porschen (2008), S. 121 ff.
[358] Bolte/Neumer/Porschen (2008), S. 123 ff.
[359] Vgl Bolte/Neumer/Porschen (2008), S. 156.

Gleichzeitig verdeutlicht die Fallstudie, dass in der Produktionsplanung die formalen Abstimmungsformen überwiegen und diese sich nicht immer sinnvoll in den Arbeitsfluss einfügen, wodurch Problemdiskussion am konkreten Praxisfall verhindert werden können.

Das nächste Kapitel widmet sich daher Implikationen für die Zusammenarbeitsformen im Arbeitsprozess der Produktionsplanung, die eine stärkere Nutzung des Erfahrungswissens uns dessen Transfer ermöglichen. Dabei fließen die Erkenntnisse der Literaturanalyse und die Ergebnisse der Fallstudie ein.

5. Implikationen für die Praxis und Forschung

Die Ergebnisse der Literaturanalyse und der empirischen Untersuchung haben gezeigt, dass Erfahrungswissenstransfer nicht als „separater“ Übergabeprozess mit Wissenstransfermethoden funktioniert. Dies liegt an der besonderen Wissensart Erfahrungswissen, die an das Handeln von Individuen gebunden ist.

Eine Möglichkeit des Erfahrungswissenstransfers eröffnet die Zusammenarbeit im Arbeitsprozess. Hierdurch kann dieses Wissen sichtbar, besprechbar und damit übertragbar gemacht werden. Geeignete Rahmenbedingungen und Konstellationen unterstützen dabei.

Das auslösende Ereignis für einen Erfahrungswissenstransfer sind inhaltliche Anliegen, wie sie z.B. durch Problemstellungen adressiert werden. Die „Plattform“ für Erfahrungswissenstransfer sind die Zusammenarbeitsformen, auf welchen Wissensträger die Gelegenheit erhalten, ihr Erfahrungswissen auszutauschen. Durch die Besprechung, Weiterentwicklung oder Lösung von inhaltlichen Anliegen im Rahmen der Zusammenarbeit werden Gelegenheiten geschaffen, Erfahrungswissen aufzurufen, Wissenselemente von Personen zu lösen und anderen zugänglich zu machen.

Neben den Inhalten und den organisatorischen Rahmenbedingungen der Zusammenarbeitsformen soll an dieser Stelle auf die Rollen im Wissenstransfer-Prozess eingegangen werden. Dazu sind zwei Betrachtungswinkel notwendig: Einerseits die Rolle des Wissensnehmers, andererseits die Rolle des Wissensgebers.

Der Wissensnehmer, in der Regel ein neuer, unerfahrener Produktionsplaner, nimmt durch das Zusammenarbeiten mit erfahrenen Produktionsplanern Erfahrungswissen auf oder erwirbt eigene Erfahrungen.

Der Wissensgeber, zumeist ein erfahrener Produktionsplaner, kommt durch die „geeignete“ Zusammenarbeitsform zur Verbalisierung oder Visualisierung seines Erfahrungswissens, das wiederum auf andere Erfahrungsträger oder neue, unerfahrene Planer übertragen werden kann. Beide Rollen wurden in der Fallstudie betrachtet und sind in die folgenden Ausführungen eingeschlossen.

Um das Erfahrungswissen in der Produktionsplanung besser zu nutzen und um den Erfahrungswissenstransfer zu fördern, werden im Folgenden Ableitungen für die betriebliche Praxis getroffen. Zunächst werden Implikationen für die Zusammenarbeit vorgestellt und anschließend personalpolitische Stellhebel aufgezeigt, die Erfahrungswissenstransfer begünstigen. Sie beziehen sich auf die Personalauswahl, die Einarbeitung neuer Produktionsplaner sowie begleitende Maßnahmen beim Weggang erfahrener Planer.

5.1. Implikationen für die Praxis

Durch die Zusammenarbeitsformen in der Produktionsplanung werden Gelegenheiten für einen Erfahrungswissenstransfer geschaffen. Je nach inhaltlichem Anliegen werden informale oder formale Abstimmungsformen genutzt, die automatisch zu einem Erfahrungswissenstransfer führen. Allerdings ist die Übertragbarkeit von Erfahrungswissen abhängig von der Ausgestaltung der Zusammenarbeitsform sowie begünstigenden Rahmenbedingungen (siehe Abschnitt 4.4).

5.1.1. Wahl der Zusammenarbeitsform

Die erste Empfehlung bezieht sich auf die bewusste Wahl der Zusammenarbeitsform. Hierfür sollte sich **erstens** die Wahl der Zusammenarbeitsform am inhaltlichen Anliegen orientieren. **Zweitens** sollte der Produktionsplaner die Initiierung der Zusammenarbeit selbst steuern können.

Handelt es sich um „grundsätzliche" Vorgehensweisen, die technische oder organisatorische Fragestellungen oder Abstimmungen betreffen, so eignen sich das Kollegengespräch oder die Technik-Erfahrungsrunde. Beide Formen sind durch eine kleine Teilnehmergröße charakterisiert. Sie ermöglichen eine offene Diskussion und das Profitieren von den Erfahrungen der anderen. Bezieht sich das inhaltliche Anliegen auf abstraktere Fragestellungen, wie z.B. die Nennung eines Erfahrungsträger aus dem Netzwerk eines Kollegen, kann das Shopfloor genutzt werden. Durch die schnelle und klare Interaktionsweise können Fragestellungen unter der Nutzung von Erfahrungswissen schnell identifiziert und kategorisiert werden.

Handelt es sich um fachlich komplexe oder menschlich schwierige Problemstellungen, so eignet sich das Kollegengespräch für soziale Fragen, welche die verhaltensorientierte Dimension von Erfahrungswissen betreffen. Die Task Force bietet ergänzend den Rahmen für anspruchsvolle, technische Problemstellungen, welche die kognitive und physische Dimension von Erfahrungswissen „anzapfen".

Die „Selbstwahl“ der Abstimmungsform durch den Produktionsplaner ist notwendig, da sie ihm die Möglichkeit eröffnet, situationsbezogen zu agieren, wenn konkrete „Gegenstände“ seines Arbeitsgebietes betroffen sind. Er reagiert nicht nur prozessgesteuert. Dies setzt allerdings voraus, dass der Planer Situationen adäquat einschätzt, die Autonomie und den Handlungsspielraum erhält sowie Initiative und Verantwortung dafür zeigt.

5.1.2. Anpassung der formalen Zusammenarbeitsformen

Aufgrund der komplexen Struktur und der hohen Aufgabenteilung der Produktionsplanung existieren in der Organisation viele vertikal „höhere“ Entscheidungsgremien, welche durch formale Abstimmungen gekennzeichnet sind. Um Fachbereiche zu koordinieren, handelt die Produktionsplanung in ihrer Schnittstellenfunktion und sollte daher die „typischen“ Zusammenarbeitsformen, die bspw. durch eine formale Projektsitzung wie die Modulgruppe gegeben sind, beibehalten. So erzielt sie eine nachvollziehbare Abstimmungsorganisation, die notwendig ist, um neue Problemstellungen zu erhalten. Diese können wiederum in informalen Zusammenarbeitsformen weiterbearbeitet werden. Eine rein horizontale, informale „Abstimmungspolitik“ würde den Einbezug der vielen Fachbereiche, der für eine erfolgreiche Aufgabenbewältigung in der Produktionsplanung unerlässlich ist, verhindern.

Die Autorin Porschen begründet die Notwendigkeit von formalen Abstimmungsformen mit dem Abgleich von Informationsständen sowie der Übermittlung von Informationen an mehrere Beteiligte. Sie sieht die Herausforderung für Unternehmen in einer ausgewogenen Abstimmungsstruktur mit informalen und formalen Anteilen: „Regelmäßige oder ad hoc einberufene strukturierte Treffen sind für einen Informationsaustausch zwischen verschiedenen Abteilungen und Positionsträgern bei geeigneter Gestaltung des formalen Rahmens, angemessenem Verhalten und einer vernünftigen Verteilung von Kompetenz und Verantwortung geeignet.“[360] Porschen spricht von einer „geeigneten Gestaltung des formalen Rahmens“[361].

[360] Porschen (2008), S. 257 f.
[361] Porschen (2008), S. 257.

Allerdings reduzieren zu viele formale Zusammenarbeitsformen Gesprächsmöglichkeiten mit Bezug zu konkreten Problemstellungen. Zeitliche Verzögerungen, Zuständigkeitsklärungen oder komplizierte Entscheidungsstrukturen sind eine Folge hieraus. [362] Die Empfehlungen lauten daher:

Erstens, die Reduzierung von formalen Zusammenarbeitsformen, und zweitens, die Integration informaler Bausteine in die formale Zusammenarbeit.

Eine **Reduzierung der Dichte an formalen Zusammenarbeitsformen** würde zu mehr informalen Austauschgelegenheiten führen. Der Abstimmungsbedarf in der Produktionsplanung bliebe erhalten, nur die Lösungswege würden sich verändern.

Eine konkrete Maßnahme ist die Erarbeitung bestimmter Themen, z.B. Konzepte, die noch nicht entscheidungsreif sind, durch informale, freie Zeiten. Benannt werden könnte sie als **„Freie Projektarbeit" oder „Off-Time"**. Hierzu könnten 20% der Arbeitszeit eingesetzt werden. Dies entspricht einem Arbeitstag einer Vollzeit-Stelle, der sonst ggf. durch viele formale Besprechungen gefüllt worden wäre. Durch die „freie Zeit" wird nicht nur die informale Abstimmung und damit die Stärkung von Mitarbeiterbeziehungen angetrieben, sondern auch das autonome, selbstbestimmte Arbeiten und Entscheiden.

Die zweite Empfehlung bezieht sich auf die **Anreicherung der formalen Zusammenarbeitsformen durch informale Bausteine,** wie sie bereits schon in der Modulgruppe und dem Shopfloor praktiziert werden. Hierzu hilft eine Betrachtung der Stellhebel, die in Form von Rahmenbedingungen (siehe Abschnitt 4.4) erarbeitet wurden.

Einfache Stellhebel für die Veränderung von formalen Formen können durch die Anpassung der Teilnehmergröße, den Ort und den Inhalt erzielt werden.

1. Teilnehmergröße: Kleinere Besetzungen führen zu mehr Interaktion und Redeanteil. Zudem reduziert der rechtzeitige Einbezug der relevanten Fachfunktionen zusätzliche Abstimmungen.

2. Ort: Das vor Ort sein aller Teilnehmer bei einer formalen Besprechung unterstützt die Face-to-Face-Kommunikation, die für einen Erfahrungswissenstransfer notwendig ist.

---

[362] Siehe Abschnitt 4.4 Negativbeispiele.

3. Inhalt: Die zu besprechenden Themen sollten von vielen, unabhängigen Agenda-Punkten auf wenige zusammenhängende reduziert werden, um eine intensive Aufgaben- oder Problembearbeitung zu ermöglichen. Neben der Erstellung des Protokolls oder der Vorbereitung der Agenda sollte vor oder nach einer formalen Abstimmung die Möglichkeit einer „informellen" Nachbesprechung gegeben sein, die den Erfahrungswissenstransfer weiter bereichern kann.

5.1.3. Anpassung der harten und soften Faktoren der Zusammenarbeit

Eine wesentliche Erkenntnis dieser Arbeit ist, dass der Erfahrungswissenstransfer in der Zusammenarbeit besonders gut funktioniert, wenn bestimmte **„harte und softe Faktoren"** vorhanden sind. Daher lautet die Empfehlung: **Erstens**, bewusstes Wahrnehmen und Anpassen der „harten" Rahmenbedingungen der Zusammenarbeit, und **zweitens**, bewusstes Wahrnehmen und Anpassen der „soften" Rahmenbedingungen in der Zusammenarbeit.

Als **„harte" Faktoren** lassen sich Ergebniserwartung, Räumlichkeiten, Zeit und Zusammensetzung subsumieren. Zu den **„soften" Faktoren** gehören dagegen die gemeinschaftliche Problemlösung und Interaktion sowie eine Arbeitsatmosphäre, die durch Vertrauen, Wertschätzung und Initiative geprägt ist. Die Empfehlungen werden entlang dieser Faktoren beschrieben.

„Harte Faktoren"

Räumlichkeiten

Ein relevantes Kriterium für Erfahrungsaustausch ist das spontane, situative Handeln und Reagieren mit Sprache, Gestik und Mimik, was durch das physische Zusammentreffen – bestenfalls am Ort der Problemursache – besser ermöglicht wird. Daher lautet die Empfehlung, **mehr Erfahrungsaustausch am Arbeitsplatz** oder an **Orten** stattfinden zu lassen, die bei der **Problembehebung unterstützen**, z.B. direkt in der Produktion.

Zudem sollten die **Räumlichkeiten** aufgeteilt werden in solche Räume, die zum Arbeitsprozess gehören und Räumlichkeiten, die außerhalb des Arbeitsprozesses genutzt werden können. „**Pausenzonen**" bieten sich hierfür an. Je nach Situation und Inhalt sollten die Räume schnell buchbar und in der Nähe sein.

Moderne Raumkonzepte mit „anregenden" Einrichtungsmöbeln, wie z.B. Whiteboards, an welchen spontan Ideen festgehalten werden oder Stehtische, bieten sich dafür an. Die Autorin Porschen beschreibt: „Es ist möglich, Büros und Pausenräume so zu gestalten und zu „besetzen", dass sie zu Gespräch und Austausch einladen. Kooperation ist auch dann eher möglich, wenn wichtige Kooperationspartner ohne großen Aufwand für direkte Gespräche erreichbar sind."[363] Die Forschungsarbeiten von Böhle bestätigen, dass eine räumliche Distanz und eine „Abschottung" vom tatsächlichen Arbeitsgeschehen die Kommunikation auf sachliche Themen beschränke, was wiederum den Vertrauensaufbau verhindere.[364]

Daher lautet eine weitere Empfehlung, die **Produktionsplaner** in ihren Fachfunktionen **räumlich nah** zusammen zu setzen. Die Ergebnisse zeigen, dass Fachteams aufgrund von Umstrukturierungsmaßnahmen nicht nur inhaltlich, sondern auch örtlich aufgeteilt werden. Dadurch wird auch die Möglichkeit eines spontanen Austausches „verlagert" und damit die Möglichkeiten eines Erfahrungswissenstransfers reduziert.

Ergebniserwartung

Eine klar geäußerte Ergebniserwartung, die das **Ziel der Abstimmung verbalisiert**, begünstigt den Austausch. Bei den informalen Abstimmungsformen ist dies dem Fragenden implizit meistens schon bekannt. Er schätzt im Vorfeld ab, wie hoch die Erfolgswahrscheinlichkeit der Beantwortung seiner Frage sein wird. Als umsetzende Maßnahme wird empfohlen, am Anfang einer formalen oder informalen Sitzung klar zu kommunizieren, mit welcher Ergebniserwartung gerechnet wird und mit welchem Arbeitsergebnis die Teilnehmer zufrieden sind. Dies kann an einem Flipchart festgehalten werden.

Zusammensetzung

Die Führungskraft sollte bei der **Besetzung von Projekten und Aufgaben** darauf achten, **erfahrene Mitarbeiter** so einzusetzen, dass ihr **Erfahrungswissen genutzt** wird.

Hierzu bieten sich Positionen an, die **Beratungs- oder Koordinationsaufgaben** beinhalten. Eine Koordinationsfunktion kann als Steuerungsfunktion oder Schnittstelle

---

[363] Porschen (2008), S. 153.
[364] Böhle/Rose (1992), S. 190.

agieren und anderen Produktionsplanern Hilfestellungen bei Problemen oder Vorgehensweisen bieten. So wirkt das Erfahrungswissen in mehrere Projekte gleichzeitig und schafft einen schnelleren Kommunikationsablauf.

Die **Aufgabenverteilung** in Projekten oder Linien-Teams sollte als **Tandem** zugeschnitten sein. In Bezug auf ein Projekt bieten sich **Doppel-Spitzen** an, die entweder durch einen **erfahrenen** und einen **unerfahrenen Produktionsplaner** oder durch **Produktionsplaner verschiedener Fachbereiche** wie z.B. der Entwicklung oder der Produktion besetzt werden können. In Bezug auf das Linien-Team bedeutet die Tandem-Funktion gleichzeitig eine **1:1 Vertretungsregelung**, sodass das Erfahrungswissen nicht auf eine Person konzentriert ist. Damit bleibt das Team auch bei einem plötzlichen Weggang handlungsfähig.

„Softe Faktoren"

Zu den soften Faktoren zählen eine **gemeinschaftliche und explorative Vorgehensweise bei der Lösung von Problemen** und eine **hohe Interaktion**. Diese werden durch einen wechselseitigen Dialog und eine hohe Kontakthäufigkeit ermöglicht. Zudem zählen eine vertrauensvolle Arbeitsatmosphäre und Initiative als begünstigend.

Interaktion und wechselseitige Kommunikation

Gemäß Porschen reichern eine hohe Wechselseitigkeit im Dialog bei der Besprechung von Problemen aber auch eine hohe Kontakthäufigkeit in den Arbeitsprozessen den Erfahrungsaustausch an: „Erfahrungstransfer findet häufig in Problemsituationen statt und hat damit situativen Charakter. Wenn diese Situation in einer gemeinsamen Erlebniswelt wahrgenommen wird, ist eine fruchtbare Grundlage für den Austausch hergestellt. Der Zuhörer kann sich wahrnehmungs- und verhaltensnah vorstellen, was der andere tatsächlich meint. Er kann auch in einen Dialog eintreten und die Erfahrungen des anderen ergänzen. Wenn die Rollen von Erzähler und Zuhörer im Dialog wechseln, können über die gemeinsame Erlebniswelt hinaus weitergehende Assoziationsketten geknüpft werden. Durch diese dialogische Koproduktion können aus individuellen Erfahrungsgeschichten neu produzierte gemeinsame Erfahrungen gewonnen werden."[365]

Die „harten" Faktoren räumliche Nähe, situationsbezogenes Handeln und das vor Ort sein zur Besprechung eines konkreten Problems unterstützen die Interaktion. Auf die

[365] Porschen (2008), S. 246.

Produktionsplanung übertragen heißt dies, sich Konzepte nicht erst tagelang am eigenen Arbeitsplatz auszudenken, sondern möglichst früh die Bereiche zu kontaktieren und einzubeziehen.

Initiative und Vertrauen

Um Vertrauen in der Zusammenarbeit aufzubauen und die Eigeninitiative zu stärken können zwei Maßnahmen erfolgversprechend sein: **Erstens**, durch Teambuilding, und **zweitens** durch Wertschätzung.

Als vertrauensbildende Maßnahme kann das **Teambuilding** verwendet werden, um z.B. über die **Art der Zusammenarbeit** oder **Kommunikationsweisen** zu sprechen. Die Eigeninitiative kann gestärkt werden, wenn ein Verhalten, das auf Eigeninitiative beruht, von Kollegen oder der Führungskraft wertgeschätzt wird. Hierzu gehört zum Beispiel nicht abzuwarten, bis das nächste offizielle Gremium stattfindet, sondern die **Problemdiskussion im Vorfeld** aktiv zu klären.

Anpassung der Arbeitsorganisation

Die Arbeitsorganisation in der Produktionsplanung sollte durch mehr Informalität gekennzeichnet und ihre Mitarbeiter mit mehr Autonomie und Entscheidungskompetenz ausgestattet werden.

Eine Organisationsform, die autonomes und informelles Arbeiten fördert, ist die Schwarm-Organisation[366]. Nach Hirsch-Kreinsen zielt diese Form der Arbeitsorganisation „(..) auf die explizite Nutzung informeller sozialer Prozesse der Kommunikation und Kooperation und der damit verbundenen extrafunktionalen Kompetenzen und des akkumulierten spezifischen Prozesswissens der Beschäftigten."[367] Diese Arbeitsform ist durch eine „(..) lockere Vernetzung sehr qualifizierter und gleichberechtigt agierender Beschäftigter gekennzeichnet"[368]. Durch ihre Autonomie kann diese Gruppe situationsgetrieben und sehr flexibel handeln und sich dabei an den konkret zu lösenden Problemen orientieren. Die Führungskraft bzw. die Organisation legen hierbei einen grundlegenden Handlungsrahmen sowie die kollektiven Ziele fest.

---

366 Hirsch-Kreinsen (2014), S. 24: „Ziel dieser Organisationsform ist es, durch höchstmögliche Offenheit und Flexibilität auf der Basis hoher Qualifikationen der Beschäftigten nicht antizipierbare Stör- und Sondersituationen jederzeit durch kompetentes und erfahrenes Arbeitshandeln bewältigen zu können."

367 Hirsch-Kreinsen (2014), S. 25.

368 Hirsch-Kreinsen (2014), S. 24 mit Bezug auf Neef/Burmeister (2005), S. 569 ff.

Allerdings ist hierbei zu beachten, dass manche technischen Prozesse aufeinander aufbauen und es daher unerlässlich bleibt, sich auf übergeordneten Ebenen abzustimmen. Ein gutes Zusammenspiel zwischen informalen Austauschformen, wie des Schwarms, und der formalen Form, wie der Modulgruppe, sollte ermöglicht werden.

5.1.4. Personalpolitische Stellhebel

Neben den Empfehlungen und Maßnahmen für eine gelingende Zusammenarbeit im Arbeitsprozess der Produktionsplanung, die sich positiv auf den Erfahrungswissenstransfer auswirken, wurden noch die drei Ansatzpunkte „**Personalauswahl, Einarbeitung und Weggang**" identifiziert, die eine hohe Relevanz für den Erfahrungswissenstransfer in der betrieblichen Praxis spielen. Sie betreffen zudem die individuelle Personalentwicklung der Mitarbeiter und tragen somit zu einer wissensorientierten Arbeitskultur bei.

Anpassung der Personalauswahl

Bei der Personalauswahl sollte verstärkt darauf geachtet werden, **Bewerber mit „Produktionshintergrund"** auszuwählen. Eine Zielgruppe, die sich hierfür besonders eignet, sind Mitarbeiter, die über eine abgeschlossene, technische Berufsausbildung verfügen und anschließend konzeptionelles Wissen in Form einer Weiterbildung oder eines Studiums erlangten. Durch das **technische Anwendungswissen**, das sie durch die Ausbildung in der Produktion erwarben, kennen sie die Prozesse vor Ort, verfügen über ein Netzwerk in die Produktion und können gut abschätzen, wie sich Konzepte auf den produktiven Anlagen realisieren lassen. Ingenieure, die mit wenig Praxiserfahrung direkt nach ihrem theoretischen Studium eingestellt werden, weisen für die Aufgaben der Produktionsplanung einen höheren Einarbeitungsbedarf auf als die Personen mit einer technischen Berufsausbildung.

Zudem sollte bei der Personalauswahl und der **Zusammensetzung des Teams** darauf geachtet werden, erfahrene und unerfahrene Produktionsplaner gleichermaßen einzustellen und **rotieren zu lassen**, um den **Erfahrungswissenstransfer innerhalb des Teams** zu ermöglichen.

Einarbeitung

Der Einarbeitungsprozess für neue Produktionsplaner sollte so konzipiert sein, dass der Mitarbeiter in kurzer Zeit die Arbeitsaufgabe erfolgreich ausführen kann. Gemäß den erfahrenen Interviewpartnern benötigt ein neuer Planer bis zu zwei Jahre, um eine

Planungsaufgabe vollumfänglich zu bearbeiten. Gründe für die lange Dauer des Wissensaufbaus liegen auch in der akademischen Berufsqualifizierung begründet (siehe oben), die zu wenig Wissen über die praktische Auswirkung von theoretischen Konzepten vermitteln kann.

Eine Empfehlung ist daher die **Erweiterung der Einarbeitungsprogramme um längere, unterschiedliche Praxiseinsätze an den Schnittstellen** der Produktionsplanung sowie ein **intensiver Produktionseinsatz mit Eigenleistung**. Das Anwendungswissen (physisch) sowie die Perspektivenübernahme (verhaltensorientiert) als Kernfacetten des Erfahrungswissens werden dadurch intensiver ausgebildet.

Junge Planer steigen zumeist mit vielen generalistischen Aufgaben ein. Hier ist zu überdenken, neuen Mitarbeiter weniger breite, dafür spezifische Aufgabenstellungen zu übertragen, damit diese „ihr Geschäft von der Pike auf" erlernen. Eine **„Junior-Planungsfunktion**" wäre eine solche Lösung. In einer Kurzfrist-Planung bearbeitet der Planer ein kleines Aufgabenportfolio und lernt seine Schnittstellen langsam kennen.

Ein weiterer Hinweis aus dem Einarbeitungsprozess neuer Produktionsplaner bezieht sich auf den Sparringspartner. Hier unterstützte in allen Fällen ein erfahrener Produktionsplaner, der sich teilweise vom „vorgegebenen" Paten unterschied. Daher ist hier die Empfehlung, den neuen **Planer** seinen **Paten selbst aussuchen** zu lassen. Wissen fließt da, wo die „Chemie" zwischen den Personen stimmt. Dies bestätigten alle befragten Produktionsplaner.

Weggang

Erfahrene Produktionsplaner werden in den nächsten zehn Jahren in großer Zahl das Unternehmen verlassen. Um das Wissen dieser Erfahrungsträger rechtzeitig zu identifizieren und zu transferieren, gibt es Ansatzpunkte und Methoden, die neben der Nutzung der Zusammenarbeitsformen, eingesetzt werden sollten. Hierzu zählen: **Erstens**, die aktive Nutzung von Frühwarn-Systemen und Personalplanungszahlen (z.B. Renteneintritt). **Zweitens**, das Anstoßen eines Wissenstransfer-Prozesses nach der Identifizierung der betroffenen Wissensträger im Rahmen des Frühwarn-Systems. **Drittens** sollte dieses Vorgehen im Rahmen eines Zielvereinbarungsgespräches oder einer gegenseitigen Vereinbarung zur erfolgreichen „Ausarbeitung" des Wissensträgers festgehalten werden.

Das zentrale Element beim Weggang eines erfahrenen Wissensträgers ist das Anstoßen des Wissenstransferprozesses, der an dieser Stelle in sechs Schritten ausgeführt wird.

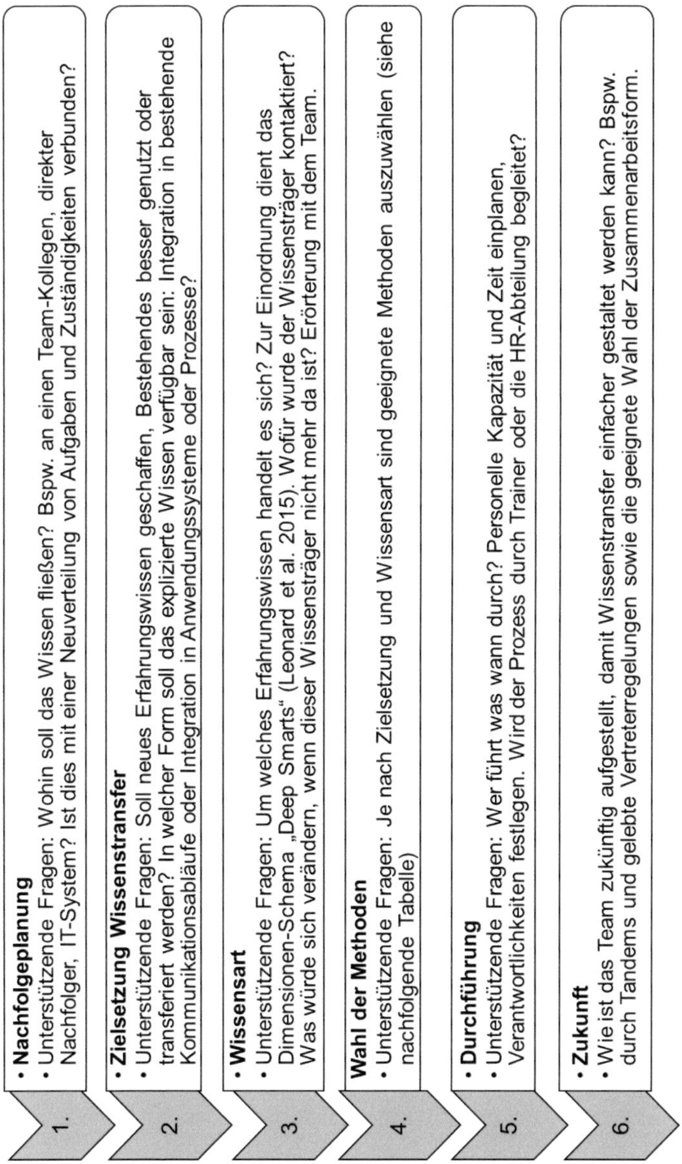

Abbildung 35: Wissenstransferprozess bei Weggang

Für den vierten Prozessschritt „Wahl der Methode“ bietet die folgende Darstellung eine Methodenübersicht, die für den Erfahrungswissenstransfer geeignet ist. Weitere Ausführungen befinden sich zudem in Abschnitt 2.2.4 unter „Wissenstransfermethoden“.

Tabelle 13: Wissenstransfermethoden

Methode	**Beschreibung**	**Einsatz**	**Relevanz für Erfahrungswissens-transfer**		
			hoch	mittel	niedrig
Expert Debriefing/ Lessons Learned	Strukturierte Wissensübergabe und Reflektion zu einem Projekt oder Team mit Maßnahmenableitung	Punktuell im Arbeitsprozess	mittel		
Triaden-Gespräch/ Wissensstafette	Zeitlich und räumlich begrenzte Übergabegespräche zwischen Moderator, Experte und Novize	Weggang	mittel		
Transfer Stories	Durch mehrstündige Interviews mit Experten werden Wissensstrukturen aufgedeckt und kontextreich in Form von Erfahrungsgeschichten dokumentiert	Im Arbeitsprozess und bei Weggang	hoch		
Story Telling/ Erfahrungsgeschichten	Mehrere Workshops mit feedbackorientiertem Dialog (durch Wissensnehmer), in welchen Geschichten erzählt und reflektiert werden	Workshops	mittel		
Tandem/ Shadowing	Novize schaut erfahrenem Mitarbeiter über die Schulter; sukzessives Einarbeiten in die Aufgaben des Experten	Einarbeitung, im Arbeitsprozess	hoch		
Patenmodell	Erfahrener Mitarbeiter wird Novizen zur Seite gestellt; keine Übergabe von Aufgaben, sondern situatives Nachfragen	Einarbeitung	mittel		
Mentoring	Erfahrener, zumeist hierarchisch höherer Mitarbeiter wird Novizen zur Seite gestellt; Vermittlung von Unternehmenswerten und Vorgehensweisen, abteilungsübergreifend, karriereorientiert	Außerhalb der Arbeitsprozesse	mittel		
Open Space	Selbstorganisierte Gruppenmethode zur Vernetzung, zum Austausch von Erfahrungen und zur Problembewältigung	Außerhalb oder tangierend zum Arbeitsprozess	hoch		
OPPTY	Programm mit einer Laufzeit von 36 Monaten und den Transferschritten Observation (Beobachtung), Practice (Praktische Anwendung), Partnering (Gemeinsamkeit), Joint Problem Solving (Problemlösung) sowie Taking Responsibility (Verantwortungsübernahme)[369]	Im Arbeitsprozess	hoch		

[369] Leonard/Swap/Barton (2015), S. 120–141

Dashboard zu Handlungsoptionen für den Erfahrungswissenstransfer

Die beschriebenen Implikationen und Ansatzpunkte für den Erfahrungswissenstransfer sollten in einer Online-Darstellung allen Mitarbeitern und Führungskräften zugänglich gemacht werden. Das firmeninterne Intranet bietet als Kommunikationsplattform die Möglichkeit dazu. Die identifizierten Stellhebel lassen sich als Matrix darstellen. Durch eine Beschreibung der Stellhebel sowie der darunterliegenden Methoden, Instrumente oder Prozesse und Hinweise zu konsistente Maßnahmen sowie Best Practice-Beispiele aus der Organisation können Ansatzpunkte geliefert werden, um Personen einen Zugang zu dieser Thematik zu bieten, die sich nicht täglich mit dem Thema Erfahrungswissenstransfer befassen.

Als übergeordnete Kategorien eignen sich die Bezeichnungen **Einarbeitung, Weggang, Zusammenarbeit und Team-Zusammensetzung**.

5.2. Implikationen für die Forschung

Neben den oben ausgeführten Anwendungsempfehlungen für die betriebliche Praxis in der Produktionsplanung bieten die Erkenntnisse der Fallstudie auch Hinweise für die Forschung. Die Analyse der Dimensionen von Erfahrungswissen wurde erstmalig in Bezug auf die Produktionsplanung mit Hilfe des Deep Smart-Ansatzes von Leonard et al.[370] durchgeführt. Zum einen hat die Analyse gezeigt, dass der Ansatz sich eignet, um die unterschiedlichen Indikatoren der einzelnen Dimensionen (physisch, kognitiv und verhaltensorientiert) und dadurch die unterschiedlichen Ebenen von Erfahrungswissen zu erforschen. Zum anderen hat die Untersuchung des Datenmaterials gezeigt, dass die Dimensionen des Ansatzes um die Indikatoren „Perspektivenübernahme" (verhaltensorientiert Dimension) und „Anwendungslogik" (physische Dimension) erweiterbar sind. Weitere Forschung könnte darauf verwendet werden, um bspw. zu weiteren neuen Indikatoren von Erfahrungswissen zu gelangen. Zudem kann das Analyseinstrument des Deep Smart Ansatzes mit den ergänzten Indikatoren zur Analyse von Erfahrungswissen auf andere Funktionsbereiche produzierender Unternehmen und Branchen übertragen werden.

[370] Leonard/Swap/Barton (2015), S. 25 ff.

Für die weitere Forschung zu Erfahrungswissen steht ein Analyseraster zur Verfügung, das die Ausprägungen neben dem bereits etablierten Ansatz des „subjektivierenden Arbeitshandelns“[371] durch die Gliederung mehrerer Indikatoren pro Dimension ergänzt.

Weitere forschungsbezogene Implikationen werden durch eine systematische Darstellung von informalen und formalen Zusammenarbeitsformen in Organisationen für Erfahrungswissenstransfer erzielt. Forschungsbedarf wurde hierzu von Bolte et al.[372] geäußert. Nachfolgende Forschungsarbeiten können auf der erstellten Systematisierung aufbauen, die in Abschnitt 4.4.2 vorgestellten Zusammenarbeitsformen bieten hierzu eine gute Ausgangsposition.

In der vorliegenden Arbeit wurde herausgearbeitet, welche kommunikative Abstimmungsform sich für welche inhaltliche, erfahrungsbezogene Aufgabenbearbeitung eignet. Auch die Dimensionen der Rahmenbedingungen, die entlang der Zusammenarbeitsformen strukturiert wurden, bieten die Grundlage, um von hieraus noch weitere Dimensionen herauszuarbeiten, die sich förderlich auf einen Erfahrungswissenstransfer auswirken.

---

[371] Böhle/Rose (1992), S. 8 ff.
[372] Vgl. Bolte/Neumer/Porschen (2008), S. 156.

6. Diskussion und Ausblick

Die vorliegende Arbeit leistet einen Beitrag für das Verständnis und die Förderung von Erfahrungswissenstransfer in produzierenden Unternehmen unter der Berücksichtigung bestehender Zusammenarbeitsformen. Dabei sind gelingende Situationen für Erfahrungswissenstransfer im und flankierend zum Arbeitsprozess der Produktionsplanung vor dem Hintergrund einströmender Wandlungstreiber identifiziert und systematisiert worden.

Die besondere Wirkungsweise des Erfahrungswissens des Produktionsplanungsbereichs zur Bewältigung von Planungsaufgaben wurde strukturiert mit einer großen Nähe zum realen Arbeitsumfeld aufgearbeitet. Dieser Teil der Untersuchung zeigt, warum es in der unternehmerischen Praxis so schwierig ist, Erfahrungswissen zu transferieren. Es zeigt auch, warum Erfahrungswissen gerade im heutigen Veränderungskontext Stabilität und Entscheidungsstärke liefert und daher ein unverzichtbares Gut für produzierende Unternehmen darstellt.

Die Untersuchung hat ebenfalls bestätigt, dass das personengebundene Erfahrungswissen schwer lösbar ist und damit Herausforderungen für den Transfer an andere Personen bestehen. Eine Übertragbarkeit des handlungsorientierten Wissens kann durch häufige gemeinsame Interaktion, die intensive Problemdiskussion an Arbeitsgegenständen sowie die Rückbindung von theoretischen Konzepten durch die praktische Umsetzung gewährleistet werden. Gelingende „Gelegenheiten“ für Erfahrungswissenstransfer stellen demnach Zusammenarbeitsformen im Arbeitsprozess dar, woraus sich die zentrale Forschungsfrage ableitete:

Wie sollten Zusammenarbeitsformen gestaltet sein, um Erfahrungswissen in der Produktionsplanung zu transferieren?

Im Forschungsprozess wurden die bestehenden Zusammenarbeitsformen der Produktionsplanung auf Inhalt und Konstellationen analysiert sowie begünstigende Rahmenbedingungen für einen Erfahrungswissenstransfer identifiziert. Das Ergebnis ist eine Definition von Zusammenarbeitsformen, die zur Besprechung differenzierter Erfahrungswissensinhalte verwendet werden können sowie eine Systematik von Rahmenbedingungen, die zu einem positiven Erfahrungswissenstransfer beitragen.

6.1. Diskussion

Ob Mitarbeiter ihr Erfahrungswissen aufgrund der „guten oder schlechten“ Rahmenbedingung austauschen, ist durch die Untersuchung nicht abschließend zu verifizieren. Die qualitative Vorgehensweise im Forschungsprozess kann die vielen, nicht kontrollierbaren Einflussfaktoren weder abdecken, noch konkret messen.[373] Dies wäre im darauffolgenden Forschungsprozess durch eine weitere Fallstudie oder die Entwicklung eines quantitativen Messinstrumentes und anschließender Befragung zu untersuchen.

Weitere potenzielle Rahmenbedingungen wie das Individuum und die Unternehmenskultur beeinflussen zusätzlich, ob Erfahrungswissen weitergegeben oder zurückgehalten wird.[374] Diese Faktoren sind nur am Rande in die Analyse eingeflossen. Die folgenden Textauszüge verdeutlichen die Wichtigkeit dieser individuellen Faktoren als Voraussetzung für einen erfolgreichen Erfahrungswissenstransfer. Die befragten Produktionsplaner umschrieben diese zumeist mit „Chemie zwischen Menschen“:

> *„Wenn die Menschen nicht zusammenpassen, können Sie es vergessen.“*[375]

> *„Das wichtigste ist, dass die Chemie mit dem direkten Vorgesetzten egal welche Ebene oder Kollegen stimmt. Ich glaube das ist ein entscheidender Erfolgsfaktor.“*[376]

> *„Sie kriegen Wissen nur vermittelt zwischen Menschen, die eine Affinität für sich haben. Dann flutscht es. Wenn sie zwei haben, die sich nicht leiden können…Also ich kenne Kollegen, die sitzen 20 Jahre im Büro und reden kein Wort miteinander. Da vermittelt man gar nichts zwischen denen.“*[377]

Demzufolge ist noch mehr Forschung notwendig, wovon eine positive „Wissensbeziehung“ zwischen Erfahrungsträgern abhängt und an welcher Stelle die Zusammenarbeitsformen hierzu wirkungsvoll eingesetzt werden könnten.

Eine weitere Frage, die im Kontext der Arbeit keine abschließende Beantwortung gefunden hat, liegt im Erfahrungswissenstransfer selbst begründet. Es ist sowohl quantitativ als auch qualitativ schwer zu messen, ab wann ein Wissenstransfer funktioniert hat. Wurden beispielsweise bestimmte Elemente des Erfahrungswissens „gelöst“ und

---

[373] Vgl. dazu „technische Messverfahren“ in Abschnitt 3.2 Validität und Gültigkeit.
[374] Siehe dazu Abschnitt 2.2.3 Einflussfaktoren auf Wissenstransfer.
[375] Interview Nr. 18.
[376] Interview Nr. 2.
[377] Interview Nr. 12.

verbalisiert, ist nicht eindeutig nachweisbar, was der andere unerfahrene oder erfahrene Gesprächspartner mit den gehörten Worten oder gesehenen Handlungen in seinen eigenen Kontext überführt oder überführen kann.[378] Denn jeder Mensch verfügt über einen anderen „Erfahrungsschatz".

Kritisch ist zudem die Einzelfallbezogenheit des empirischen Materials zu sehen. Die getroffenen Aussagen sollten gemäß der Gütekriterien für qualitative Forschung durch weitere Fallstudien ergänzt werden, damit die Aussagekraft erhöht und die Ergebnisse überprüft werden können. Dies wurde aus forschungsökonomischen Gründen in der vorliegenden Arbeit nicht erreicht.

Die Übertragbarkeit der Ergebnisse auf „andere Betriebsfälle", also andere produzierende Großunternehmen, kann hergestellt werden, da andere herstellende Unternehmen zumeist ähnliche Organisations- und Abstimmungsstrukturen aufweisen.

In Bezug auf andere Unternehmensstrukturen wie z.B. Kleine und Mittelständische Unternehmen ist die Reichweite der Ergebnisse hinsichtlich der Abstimmungsformalitäten eingeschränkt, da sich wegen horizontaler Struktur und größerer Aufgabenteilung weniger Abstimmungserfordernisse ergeben. Dafür hat der Wechsel oder Weggang einzelner Wissensträger eine höhere Wirkung für „zurückbleibende" Organisation. In der Literatur wird dies als „Wissenslücke" bezeichnet. Der Weggang von „Spezialisten" kann in den Organisationsstrukturen eines Großkonzerns durch das Wissen von Kollegen oder Projekt-Mitgliedern abgefedert werden. In mittelständischen Strukturen entstehen „tiefere" Wissenslücken, da hier zumeist weniger Personen ein breitere Aufgabenfeld verantwortet. Um potenzielle Wissenslücken rechtzeitig zu identifizieren, liefert der Deep Smart Ansatz ein Bewertungsraster zur Analyse des vorhandenen Erfahrungswissens. Allerdings könnten sich die Ableitungen für einen Erfahrungswissenstransfer verändern, was forschungstechnisch zu untersuchen wäre.

Die Übertragbarkeit auf andere Beschäftigtengruppen wird positiv eingeschätzt, wenngleich die Produktionsplanung aufgrund ihrer organisationalen Funktion eine besondere Schnittstellen- und Koordinationsaufgabe einnimmt, die das Fließen von Erfahrungswissen begünstigt. Hier wäre zu untersuchen, welche Abstimmungsformen andere Beschäftigtengruppen und Funktionen wählen und inwiefern diese ebenfalls geeignet erscheinen.

[378] Vgl. Szulanski/Ringov/Jensen (2016), S. 307 ff. und Abschnitt 2.2.2.

6.2. Ausblick

Die Ergebnisse liefern hypothetische Aussagen, unter welchen Voraussetzungen der Erfahrungswissenstransfer besonders erfolgreich gelingt. Um den Gehalt dieser Ergebnisse zu prüfen, wären aufbauende quantitative Studien mit größeren Stichproben, z.B. Längsschnittstudien, oder qualitative Studien, wie z.B. eine Ethnographie notwendig, welche die Positiv-Beispiele für Erfahrungswissenstransfer in der Zusammenarbeit auf die identifizierten Rahmenbedingungen zurückführen kann. Damit könnten die Ergebnisse der vorliegenden Arbeit auf „fundiertere“ Beine gestellt werden.

Zudem steht die Forschungsfrage im Raum, inwieweit informale Organisationsformen, wie z.B. die Schwarm-Organisation den „gleichberechtigen“ Austausch von Erfahrungswissen fördern und positive Arbeitsergebnisse produzieren. Denn am „Ende des Tages“ sollen die Gespräche und Abstimmungen und das Austauschen von Erfahrungen in eine wertschöpfende Tätigkeit münden.

Als weiterer Forschungsbedarf soll an dieser Stelle noch auf die Möglichkeit der digitalen Unterstützung für einen Erfahrungswissenstransfer eingegangen werden. Es sollte forschungstechnisch noch untersucht werden, an welchen Stellen bei der Zusammenarbeit solche Tools unterstützend wirken können. Ein Planer könnte während der Erstellung einer Zahlenkalkulation oder der Planung einer neuen Linie durch digitale Tools eingeblendet bekommen, was die nächsten Aufgabenschritte sind oder welche „Fallstricke“ beachtet werden sollen: Wie sehen die gesetzlichen Rahmenbedingungen, Normen oder der Stand der Technik aus? Wie sind ähnliche Vorgängerprojekte verlaufen? Was waren Fehlerquellen und wer sind potenzielle Ansprechpartner, die über relevantes Erfahrungswissen verfügen? Eine „digitale“ Zusammenarbeit könnte durch ein virtuelles, visuelles „Board“ unterstützt werden, wo bspw. eine Echt-Zeit-Simulation der Produktion die Planer bei einer Diskussion zu möglichen Fehlerquellen oder Prognosen unterstützt.

Die Forschungsarbeit hat aufgezeigt, dass für neue Themen oder Probleme nicht sofort neue Prozesse oder Abstimmungsformen installiert werden sollten. Hierdurch sinkt die Abstimmungsqualität und der Austausch von Erfahrungswissen wird reduziert. Vielmehr sollten „prozessfreie“ Gelegenheiten geschaffen werden, die sich in einer verstärkten informalen und situativen Abstimmungsorganisation widerspiegeln. Dadurch ist die wertvolle Ressource Erfahrungswissen besser nutzbar und schließlich transferierbar. Ein Produktionsplaner fasst diese Erkenntnis zusammen:

> *„Die Bereitschaft vom Wissensträger, sein Wissen zu teilen und einen anderen daran partizipieren zu lassen, sodass der andere das als Sockel hat und aufbauen kann, das ist wichtig.“*[379]

Und dies sollte durch die notwendige Zeit, Situationsbezogenheit und die passende Zusammenarbeitsform ermöglicht werden.

[379] Interview Nr. 18.

Anhang

Interviewleitfaden Vorbefragung

Transfer von Erfahrungswissen beim Stellenwechsel

1. Beschreiben Sie bitte in groben Worten, wie Ihr Stellenwechsel ausgesehen hat und gehen dabei insbesondere auf den Wissenstransfer ein. Fand ein Übergabe-Prozess statt? Was hat gut funktioniert? Was nicht? Würden bestimmte Wissenstransfer-Methoden eingesetzt?

2. Für wie lange standen Sie dem Nachfolger als Wissensgeber zur Verfügung? Was wäre aus Ihrer Sicht ein angemessener Zeitraum?

3. Welche Wissensarten sind für den Transfer am wichtigsten?

   - O Fachwissen
   - O Neuigkeitsgrad des Wissens
   - O organisationales Wissen (z.B. Strukturen)
   - O Prozesswissen
   - O Problembehebungswissen (Wissen aus der Vergangenheit)
   - O Netzwerkwissen
   - O Wissen über Umgang mit unvorhergesehenen Situationen
   - O Weitere

4. Gibt es bestimmte Zeitpunkte, Ereignisse oder Rituale in Ihrer Abteilung (und abteilungsübergreifend), wo Erfahrungen geteilt werden?

5. Welche Teamstrukturen und Rahmenbedingungen fördern das Teilen von Erfahrungen?

6. Welche Hemmnisse könnten bei einem Stellenwechsel Ihrer Kollegen bestehen, um Wissen/Erfahrungen weiterzugeben?

Vielen Dank für Ihre Teilnahme und die Möglichkeit eines Austauschs.

Interviewleitfaden Fallstudie

Interviewleitfaden Erfahrene Produktionsplaner

A Soziodemografische Daten

Berufserfahrung ____________________

Betriebszugehörigkeit ____________________

Alterscluster ☐ 20 -35 ☐ 35-50 ☐ 50-65

B Fragen

I. Erfahrungswissen
1. Was war Ihr letztes wichtiges Projekt: Wie lief es ab? 2. In welchen Situationen in Ihrer Aufgabe greifen Sie vor allem auf Ihre Erfahrung zurück? 3. Wie gehen Sie vor bei einer Problemlösung? 4. Gibt es Tricks, die in einem Prozess nicht abgebildet sind, aber zur Lösung beitragen?
II. Wissensaufbau
5. Wodurch erhielten Sie einen Erfahrungsgewinn? 6. Was genau unterscheidet einen erfahrenen Kollegen von einem, der erst kurz dabei ist? 7. Was benötigen neue Planer an Wissen, um schnell in die Aufgabe zu kommen?
III. Wissenstransfer
8. Wie funktioniert der Erfahrungsaustausch bei Ihnen im Team/Projekt? Wie geben Sie Ihr Wissen weiter? 9. Wie funktioniert der Wissenstransfer zwischen Alt und Jung in Ihrer Abteilung? 10. Wann haben Sie erfolgreich Ihr Wissen weitergegeben? 11. Von welchen Rahmenbedingungen hängt ein guter Wissenstransfer ab? Was sind Bedingungen, damit es gelingt?

Interviewleitfaden Unerfahrener, neuer Produktionsplaner

A Soziodemografische Daten

Berufserfahrung ____________________

Betriebszugehörigkeit ____________________

Alterscluster ☐ 20 -35 ☐ 35-50 ☐ 50-65

B Fragen

I. Erfahrungswissen
1. Was war Ihr letztes wichtigstes Projekt: Wie lief es ab? 2. Erzählen Sie bitte von Ihren Aufgaben: In welchen Situationen greifen Sie vor allem auf den Erfahrungsschatz von Erfahrenen zurück und wo auf ihr eigenes Erfahrungswissen? 3. Wie gehen Sie vor bei einer Problemlösung?
II. Erfahrungsbiografie
4. Können Sie sich noch erinnern, als Sie in Ihren jetzigen Job gestartet sind? Was war am Schwierigsten? 5. Wie haben Sie eine erfolgreiche Einarbeitung geschafft?
III. Aufbau von Erfahrungswissen
6. Was denken Sie benötigen neue Planer an Wissen, um schnell in die Aufgabe zu kommen? 7. Welches Wissen sollten erfahrene Planer von unerfahrenen Planern erhalten?
IV. Wissenstransfer
8. Wie funktioniert der Erfahrungsaustausch bei Ihnen im Team/Projekt? 9. Beschreiben Sie bitte eine Situation, in der Wissenstransfer erfolgreich funktioniert hat. 10. Von welchen Rahmenbedingungen hängt ein guter Wissenstransfer ab? 11. Haben Sie konkrete Vorschläge, wie man den Wissenstransfer verbessern könnte?

C Erfahrungsaustausch

(dieser Teil wurde für die unerfahrenen und erfahrenen Planer gleichgestellt)

Bitte ordnen Sie zu, welche Methoden in Ihrem Arbeitskontext eingesetzt werden und Sie als erfolgreich für den intergenerationalen **Wissenstransfer (zwischen erfahrenen und unerfahrenen)** ansehen? Gibt es noch weitere?

KVP-Workshops

Lessons Learned

Shopfloor-Management

Scrum

Qualitätszirkel

Task-Forces

Einwilligungserklärung

Informationsblatt und Einwilligungserklärung

Befragung im Rahmen der Promotion: Daniela Baumhauer
Abteilung Arbeitspolitik

Arbeitstitel

Analyse, Bewertung und Gestaltung des intergenerationalen Wissenstransfers in der Produktionsplanung

Ziel des Interviews

Kennenlernen der Arbeitsprozesse von Planungsbereichen, Ermittlung von Faktoren, die den intergenerationalen Wissenstransfer beeinflussen

Aufzeichnung, Auswertung und Datenschutz

Die Aufzeichnung des Gesprächs ist für das Verstehen des Forschungsbereiches essentiell. Das gesprochene Wort wird anschließend transkribiert und verschriftlicht. Dabei werden auch soziodemografische Daten wie die Berufserfahrung, Betriebszugehörigkeit und Alterscluster (z.B. 50-60 Jahre) erhoben. Die Abschrift kann auf Wunsch zugeschickt werden. Die Interviews werden anschließend **anonymisiert ausgewertet** (gem. §3 Bundesdatenschutzgesetz dürfen personenbezogene Einzelangaben nicht mehr einer bestimmten Person zugeordnet werden). Die Abschrift des Interviews wird nicht veröffentlicht, ebenso keine Namen und Kontaktdaten. Gemäß des Löschungsgebots wird das Tonband gelöscht, sobald es verschriftlicht ist und für den Forschungsprozess nicht mehr benötigt wird. Wenn im Nachhinein der Wunsch besteht das schriftliche Interview löschen zu lassen, wird diesem entsprochen. Die Interviewende wahrt das Datengeheimnis und die Schweigepflicht.

Einwilligungserklärung

Ich bin über das Vorgehen bei der Auswertung der Interviews informiert worden (u.A. die Abschrift gelangt nicht an die Öffentlichkeit, Anonymisierung bei der Abschrift, Löschung des Bandes und von Kontaktdaten, Wahrung des Datengeheimnisses).

Ich bin damit einverstanden, dass einzelne Sätze, die aus dem Zusammenhang genommen und damit nicht mit meiner Person in Verbindung gebracht werden können, als Material für wissenschaftliche Zwecke und die Weiterentwicklung der Forschung genutzt werden können.

Unter diesen Bedingungen erkläre ich mich bereit, das Interview zu geben.

Ort, Datum: .... Unterschrift: ....

Auszüge Gruppendiskussion (07.04.2017)

2. Frage

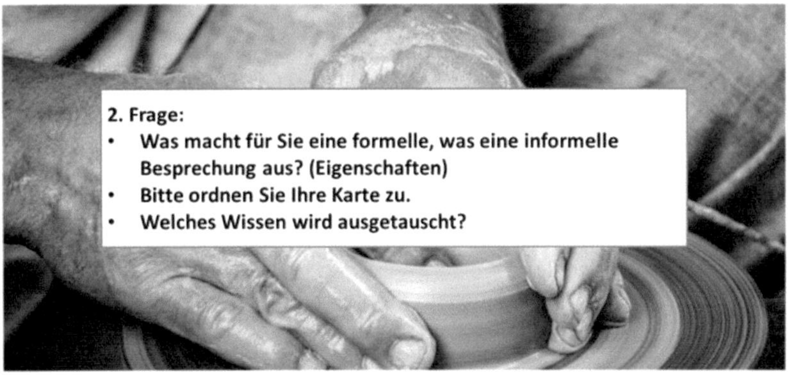

Ergebnis Frage 2: Besprechungen haben formelle und informelle Anteile

Anlauf

Modulgruppe

Protokoll = Ergebnis

Agenda = Struktur

Formell

- Agenda, Vortrag, Protokolle
- Redeanteile sind über Agenda vorgegeben
- Interessenskonflikte werden eher nicht ausgetragen, Sondertermine vereinbart
- Enges Zeitfenster
- Moderator/Agenda steuert Besprechung

Viele Besprechungsformen haben formelle und informelle Anteile
→ hängt vom diskutierten Problem, Kultur und TN ab.

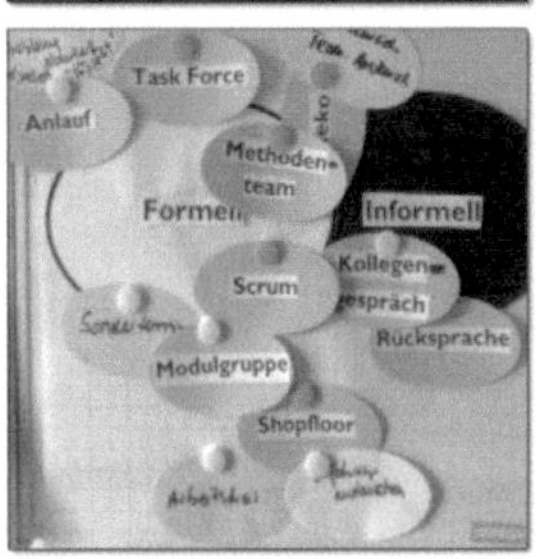

Rücksprache

Kollege am Arbeitsplatz

Mittagessen

Spontanes Telefonat

Informell

- Kann vor einer formellen Besprechung stattfinden
- Ist nicht als Besprechung deklariert
- Erfahrungen problemzentriert austauschen
- Vertraulich, offen, mehr Interaktion, kleine Gruppe, Personen mit Bindung, spontan
- Erfolg, „gewünschtes Ergebnis" ist klar

3. Frage

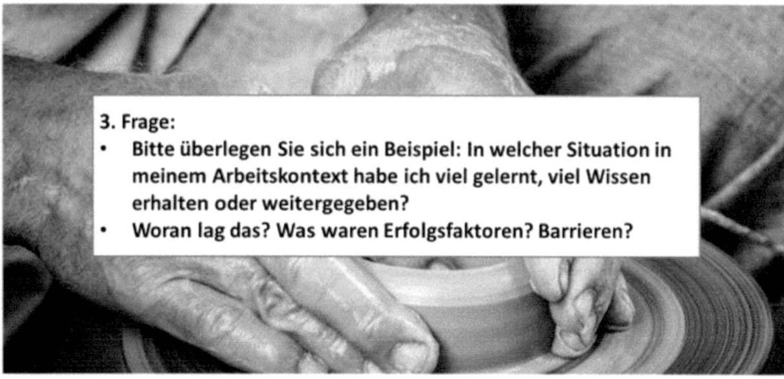

Ergebnis Frage 3: Erfahrungsberichte über Orte und Situationen, die erfolgreich für einen Wissenszuwachs waren.

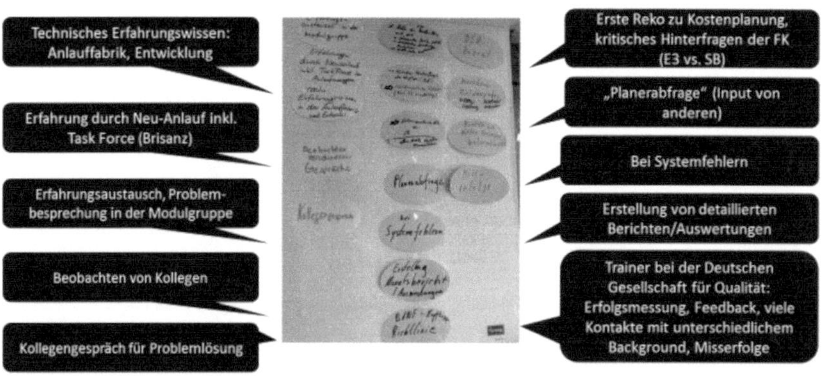

4. Frage

Faktoren, die den informalen Austausch und damit den Wissenstransfer positiv beeinflussen

Hard Facts	Soft Facts
• Räumlichkeiten, z.B. Rückzugsmöglichkeiten, „Früher gab´s die Pausenzonen; heute sind das Raucher-Ecken“	• Vertrauen
• Zeitlicher Spielraum	• Akzeptanz
• Keine Vorgaben	• Lob der Führungskraft, des Betreuers
• Team- und Projektkonstellation!	• Spass und Engagement
• Ziel sollte definiert sein	• Eigeninitiative
• Transparente Entwicklungs-Steps	• Teambuilding

Literaturverzeichnis

Alavi, M., **Leidner, D.** (**2001**): Review: Knowledge Management and Knowledge Management Systems: Conceptual Foundations and Research Issues, in: MIS Quarterly, 1. Jg.,S. 107–136.

Almeida, P., **Kogut, B.** (**1999**): Localization of Knowledge and the Mobility of Engineers in Regional Networks, in: Management Science, 45. Jg.,S. 905–917.

Argote, L., **McEvily, B.**, **Reagans, R.** (**2003**): Managing Knowledge in Organizations: An Integrative Framework and Review of Emerging Themes, in: Management Science, 49. Jg.,S. 571–582.

Barney, J. (**1991**): Firm Resources and sustained competitive advantage, in: Journal of Management, Vol. 17, S. 99–120.

Bauer, W., **Schlund, S.** (**2015**): Wandel der Arbeit in indirekten Bereichen: Planung und Engineering, in: Hirsch-Kreinsen, H./Ittermann, P./Niehaus, J. (Hrsg.), Digitalisierung industrieller Arbeit (**2015**): Berlin, S. 53–69.

Baumhauer, D. (**2016**): Einfluss struktureller Anreiz- und Wirkfaktoren auf die Weitergabe von Erfahrungswissen in produzierenden Unternehmen, in: GfA-Press (Hrsg.), Buchshop GfA Kongressbände Tagungsbände Publikationen (**2016**): Dortmund, S. 1–6.

Becker, H. S., **Gerdes, B.** (**1979**): Teilnehmende Beobachtung. Analyse qualitativer Felddaten, in: Gerdes, K. (Hrsg.), Explorative Sozialforschung. Einführende Beiträge aus Natural Sociology und Feldforschung in den USA (**1979**): Stuttgart, S. 158–183.

Berger, P. L., **Luckmann, T.** (**1966**): The Social Construction of Reality - A Treatise in the sociology of knowledge, New York.

Bleicher, K. (**1991**): Organisation, Strategien, Strukturen, Kulturen, 2. Aufl., Wiesbaden.

Böhle, F. (**2005**): Erfahrungswissen hilft bei der Bewältigung des Unplanbaren, in: Zeitschrift Berufsbildung in Wissenschaft und Praxis, S. 9–13.

Böhle, F., **Milkau, B.** (**1988**): Vom Handrad zum Bildschirm - Eine Untersuchung zur sinnlichen Erfahrung im Arbeitsprozess, Frankfurt/Main, New York.

Böhle, F., **Rose, H.** (**1992**): Technik und Erfahrung - Arbeit in hochautomatisierten Systemen, Frankfurt/Main.

Böhme, G., **Potyka, K. Karl** (**1995**): Erfahrung in Wissenschaft und Alltag - Eine analytische Studie über Begriff, Gehalt und Bedeutung eines lebensbegleitenden Phänomens, 1. Aufl., Idstein.

Boland, R. J., **Tenkasi, R.** (**1993**): Perspective Making and Perspective Taking in Communities of Knowing, in: CEO Publications, 18. Jg.,S. 1–48.

Bolte, A., **Neumer, J.**, **Porschen, S.** (**2008**): Die Last der alltäglichen Kooperation Abstimmung als Arbeit und das Ende der Meeting-Euphorie, Düsseldorf.

Borrmann, D., **Voigt, S.**, **Herrmann, F.**, **Brand, M.**, **Rally, P.**, **Rothfuss, F.**, **Sachs, C.** (**2012**): Elektromobilität und Beschäftigung - Wirkungen der Elektrifizierung des Antriebsstrangs auf Beschäftigung und Standortumgebung (ELAB) ; Abschlussbericht, Stuttgart, Hannover.

Brown, J. S., **Duguid, P.** (**1991**): Organizational Learning and Communities-of-Practice: Toward a Unified View of Working, Learning, and Innovation, in: Organization Science, 2. Jg.,S. 40–57.

Bruggman, M. (**2000**): Die Erfahrung älterer Mitarbeiter als Ressource, Dissertation, Universität Zürich, Zürich.

Brüsemeister, T. (**2008**): Qualitative Forschung - Ein Überblick, Wiesbaden.

Bundesministeriums der Justiz und für Verbraucherschutz (**1990**): Bundesdatenschutzgesetz, Berlin.

Cabrera, E. F., **Cabrera, A.** (**2005**): Fostering knowledge sharing through people management practices, in: The International Journal of Human Resource Management, 16. Jg.,S. 720–735.

Calder, B. J., **Staw, B. M.** (**1975**): Self-perception of intrinsic and extrinsic motivation, in: Journal of Personality and Social Psychology, 31. Jg.,S. 599–605.

Cohen, A. R., **Bradford, D. L.** (**1991**): Influence without authority, New York NY u.a.

Comte, A. (**1853**): The positivist philosophy, London.

Corbin, J., **Strauss, A.** (**1990**): Grounded Theory Research: Procedures, Canons, and Evaluative Criteria, in: Qualitative Sociology, 13. Jg.,S. 3–21.

Creswell, J. W. (**2007**): Qualitative Inquiry & Research Design - Choosing among five approaches, California.

Dangelmaier, W. (**2009**): Theorie der Produktionsplanung und -steuerung - Im Sommer keine Kirschpralinen?, Heidelberg.

Dangelmaier, W. (**2017**): Produktionsplanung und -steuerung, in: , S. 1–20.

Davenport, T. H., **Prusak, L.** (**2000**): Working knowledg: how organizations manage what they know, in: Ubiquity, S. 1–15.

Dehnbostel, P. (**1999**): Workshop Erfahrungslernen in der Beruflichen Bildung - Beiträge zu einem Kontroversen Konzept,

Deutsche Gesellschaft für Soziologie (**2017**): Ethik-Kodex der Deutschen Gesellschaft für Soziologie (DGS) und des Berufsverbandes Deutscher Soziologen (BDS), in: , S. 1–4.

Deutschmann, C. (**2003**): Industriesoziologie als Wirklichkeitswissenschaft, in: Berliner Journal für Soziologie, 13. Jg.,S. 479–595.

Dewey, J. (**1958**): Experience and Nature, New York.

Diez, W., **Brachat, H.**, **Reindl, S.** (**2005**): Grundlagen der Automobilwirtschaft, München.

Donnellon, A., **Gray, B.**, **Bougon, M. G.** (**1986**): Communication, Meaning, and Organized Action, in: Administrative Science Quarterly, 31. Jg.,S. 43–55.

Dreyfus, S. E. (**2004**): The Five-Stage Model of Adult Skill Acquisition, in: Bulletin of Science Technology & Society, 24. Jg.,S. 177–181.

Dreyfus, S. E., **Dreyfus, H. L.** (**1980**): A Five-Stage-Model of the mental activities involved in directed skill acquisition, in: Operation Research Center University of Berkeley, S. 1–22.

Drucker, P. F. (**1988**): The Coming of the New Organization, in: Harvard Business Review, S. 1–12.

Easterby-Smith, M., **Jackson, P.** (**2012**): Management Research, London.

Echterhoff, V. (**2012**): Weisse Bescheid?! Wissen strategisch managen, in: Kroll, D. (Hrsg.), Programm: Zukunft Antworten auf den demografischen Wandel (**2012**): Wiesbaden, S. 143–162.

Eisenhardt, K. M. (**1989**): Building theories from case study research, in: The Academy of Management Review, 14. Jg.,S. 532–550.

Erlach, C., **Orians, W.**, **Reisach, U.** (**2013**): Wissenstransfer bei Fach- und Führungskräftewechsel, München.

Erpenbeck, J., **Rosenstiel, L. von** (**2007**): Handbuch Kompetenzmessung : John Erpenbeck,Lutz von Rosenstiel, Stuttgart.

Fischer/Gros/Wehner (**2003**): Wissensmanagement – psychologische Perspektiven und Redefinitionen, Wiesbaden.

Fischer, M. (**2013**): Von der Arbeitserfahrung zum Arbeitsprozeßwissen - Rechnergestützte Facharbeit im Kontext beruflichen Lernens, Wiesbaden.

Flick, U. Kardoff, E. von/Keupp (**1991**): Handbuch qualitative Forschung : Grundlagen, Konzepte, Methoden und Anwendungen, München.

Freitag, M., **Weber, S.** (**2003**): Open Space als ein Instrument des interorganisationalen Wissensmanagements, in: Fischer, L./Gros, E./Wehner, T. (Hrsg.), Wissensmanagement – psychologische Perspektiven und Redefinitionen (**2003**): Wiesbaden, S. 137–139.

Fuchs, J., **Söhnlein, D.**, **Weber, B.** (**2011**): Projektion des Arbeitskräfteangebots bis 2050: Rückgang und Alterung sind nicht mehr aufzuhalten, in: , S. 1–8.

Gerdes (**1979**): Explorative Sozialforschung. Einführende Beiträge aus Natural Sociology und Feldforschung in den USA, Stuttgart.

GfA-Press (**2016**): Buchshop GfA Kongressbände Tagungsbände Publikationen, Dortmund.

Glaser, B. G., **Strauss, A. L.** (**1967**): Grounded Theory - Strategien qualitativer Forschung, New York.

Gläser, J., **Laudel, G.** (**2010**): Experteninterviews und Qualitative Inhaltsanalyse, 4. Aufl., Wiesbaden.

Grant, R. M. (**1996**): Toward a knowledge-based theory of the firm, in: Strategic Management Journal, 17. Jg.,S. 109–122.

Grundpositionen Generationenmanagement Automobilhersteller (**2015**): Grundpositionen zum Generationenmanagement, Stuttgart.

Gu, Y. (**2004**): Global knowledge management research, in: Scientometrics, 61. Jg.,S. 171–190.

Hansen, M. T. (**1999**): The Search-Transfer Problem: The Role of Weak Ties in Sharing Knowledge across Organization Subunits, in: Administrative Science Quarterly, 44. Jg.,S. 82–111.

Heidling, E., Ludwig B., **Kahlenberg, V.**, **Neumer, J.** (**2015**): Innovationspotenziale qualifizierter älterer Beschäftigter, in: Jeschke, S./Richert, A./Hees, F./Jooß, C. (Hrsg.), Exploring Demographics (**2015**): Wiesbaden, S. 428–437.

Helfferich, C. (**2009**): Die Qualität qualitativer Daten, Wiesbaden.

Hippel, E. von (**1994**): "Sticky Information" and the Locus of Problem Solving: Implications for Innovation, in: Management Science, 40. Jg.,S. 429–439.

Hirsch-Kreinsen/Ittermann/Niehaus (**2015**): Digitalisierung industrieller Arbeit, 1. Aufl., Berlin.

Hirsch-Kreinsen, H. (**2014**): Wandel von Produktionsarbeit – „Industrie 4.0“, Dortmund.

Hirsch-Kreinsen, H. (**2015**): Digitalisierung industrieller Arbeit, in: Hirsch-Kreinsen, H./Ittermann, P./Niehaus, J. (Hrsg.), Digitalisierung industrieller Arbeit (**2015**): Berlin, S. 9–30.

Humpl, B. (**2004**): Transfer von Erfahrungen, Dissertation, Technische Universität Graz, Graz.

Jeschke et al. (**2015**): Exploring Demographics, Wiesbaden.

Kahneman, D. (**2013**): Thinking, fast and slow, 1. Aufl., New York.

Kempf/Kiefer (**2009**): Forschungsmethoden der Psychologie : zwischen naturwissenschaftlichem Experiment und sozialwissenschaftlicher Hermeneutik, Berlin.

Kleinhenz (**2002**): IAB-Kompendium Arbeitsmarkt- und Berufsforschung. Beiträge zur Arbeitsmarkt- und Berufsforschung, Nürnberg.

Koether, R., **Meier, K. J.** (**2017**): Lean Production für die variantenreiche Einzelfertigung - Flexibilität wird zum neuen Standard, Wiesbaden.

Kogut, B., **Zander, U.** (**1992**): Knowledge of the Firm, Combinative Capabilities, and the Replication of Technology, in: Organization Science, 3. Jg.,S. 383–397.

Kogut, B., **Zander, U.** (**1995**): Knowledge and the Speed of the Transfer and Imitation of Organizational Capabilities: An Empirical Test, in: Organization Science, Vol. S. 76–92.

Kolb, D. (**1984**): Experiential learning: experience as the source of learning and development, New Jersey.

Kosiol, E. (**1976**): Organisation der Unternehmung, Wiesbaden.

Krämer, M. (**2002**): Der Einfluss informeller Kommunikation auf innerbetriebliches Wissensmanagement, Zugl.: Berlin, Freie Univ., Diss., 2002, Freie Universität Berlin, Berlin.

Krogh, G. von, **Roos, J.** (**1996**): Five claims on knowing, in: European Management Journal, 14. Jg.,S. 423–426.

Kroll (**2012**): Programm: Zukunft Antworten auf den demografischen Wandel, 1. Aufl., Wiesbaden.

Krüger, H. H., **Lersch, R.** (**1993**): Lernen und Erfahrung: Perspektiven einer Theorie schulischen Handelns, 2. Aufl., Opladen.

Kuhlin/Thielmann (**2005**): Real-Time Enterprise in der Praxis, Berlin, Heidelberg.

Lamnek, S. (**1980**): Sozialwissenschaftliche Arbeitsmethoden - Für Mediziner, Soziologen, Psychologen, 1. Aufl., Weinheim, Deerfield Beach Florida.

Lamnek, S. (**2010**): Qualitative Sozialforschung, 5. Aufl., Weinheim, Basel.

Langhoff/Bornewasser/Heidling (**2015**): Innovationskompetenz im demografischen Wandel, Wiesbaden.

Leonard, D. A., **Swap, W. C.**, **Barton, G. B.** (**2015**): Critical Knowledge Transfer - Tools for Managing Your Company´s Deep Smarts, Boston.

Leonard-Barton, D., **Swap, W. C.** (**2005**): Deep smarts - How to cultivate and transfer enduring business wisdom, Boston Mass.

Lepak, d. (**2005**): Deep Smarts, in: Industrial and Labor Relations Review, Vol. 59, S. 329–330.

Lippert, I., **Aster, M.**, **Wessels, J.** (**2001**): Demografischer Wandel und Wissenstransfer im Innovationsprozess, in: VDI/VDE-Technologiezentrum Informationstechnik GmbH, S. 1–19.

Long, D. W. de, Fahey, L. (**2000**): Diagnosing Cultural Barriers To Knowledge Management, in: Academy of Management Executive, 14. Jg.,S. 113–127.

Luhmann, N. (**1995**): Funktionen und Folgen formaler Organisation - Mit einem Epilog 1994, 4. Aufl., Berlin.

Manus, P., **Ragab, M.**, **Arisha, A.**, **Mulhall, S.** (**2016**): Review of Factors Influencing Employees' Willingness to Share Knowledge, Conference Paper, School of Marketing, Dublin.

Mayring, P. (**1991**): Qualitative Inhaltsanalyse, in: Flick, U. Kardoff, E. von/Keupp, H. (Hrsg.), Handbuch qualitative Forschung : Grundlagen, Konzepte, Methoden und Anwendungen (**1991**): München, S. 209–213.

Mertins, K., **Finke, I.** (**2004**): Kommunikation impliziten Wissens, in: Reinhardt, R./Eppler, M. (Hrsg.), Wissenskommunikation in Organisationen (**2004**): Heidelberg, S. 32–50.

Mey, G., **Mruck, K.** (**2009**): Methodologie und Methodik der Grounded Theory, in: Kempf, W./Kiefer, M. (Hrsg.), Forschungsmethoden der Psychologie : zwischen naturwissenschaftlichem Experiment und sozialwissenschaftlicher Hermeneutik (**2009**): Berlin, S. 100–152.

Neef, A., **Burmeister, K.** (**2005**): Die Schwarm-Organisation — Ein neues Paradigma für das e-Unternehmen der Zukunft, in: Kuhlin, B./Thielmann, H. (Hrsg.), Real-Time Enterprise in der Praxis (**2005**): Berlin, Heidelberg, S. 563–572.

Nonaka, I. (**1994**): A Dynamic Theory of Organizational Knowledge Creation, in: Organization Science, 5. Jg.,S. 14–37.

Nonaka, I., **Konno, N.** (**1998**): The concept of `Ba': Building a foundation for knowledge creation, in: California Management Review, 40. Jg.,S. 40–54.

Nonaka, I., **Krogh, G. von** (**2009**): Perspective—Tacit Knowledge and Knowledge Conversion, in: Organization Science, 20. Jg.,S. 635–652.

Nonaka, I., **Peltokorpi, V.** (**2006**): Objectivity and Subjectivity in Knowledge Management: A Review of 20 Top Articles, in: Knowledge and Process Management, Vol. 13, S. 73–81.

Nonaka, I., **Takeuchi, H.** (**1995**): The Knowledge-Creating Company, in: Oxford University Press, S. 1–3.

Nonaka, I., **Takeuchi, H.** (**2012**): Die Organisation des Wissens - Wie japanische Unternehmen eine brachliegende Ressource nutzbar machen, 2. Aufl., Frankfurt am Main.

North, K. (**2011**): Wissensorientierte Unternehmensführung - Wertschöpfung durch Wissen, 5. Aufl., Wiesbaden.

Penrose, E. T. (**1956**): Foreign Investment and the Growth of the Firm, in: The Economic Journal, 66. Jg.,S. 220–235.

Pfeiffer, S. (**1999**): Dem Spürsinn auf der Spur - Subjektivierendes Arbeitshandeln an Internet-Arbeitsplätzen am Beispiel Information-Broking, München.

Pfeiffer, S. (**2007**): Montage und Erfahrung - Warum ganzheitliche Produktionssysteme menschliches Arbeitsvermögen brauchen, 1. Aufl., München und Mering.

Pfeiffer, S., **Suphan, A.** (**2015a**): Der AV-Index. Lebendiges Arbeitsvermögen und Erfahrung als Ressourcen auf dem Weg zu Industrie 4.0, in: Fachgebiet Soziologie Universität Hohenheim, S. 1–42.

Pfeiffer, S., **Suphan, A.** (**2015**): Industrie 4.0 und Erfahrung - das Gestaltungspotenzial der Beschäftigten anerkennen und nutzen, in: Hirsch-Kreinsen, H./Ittermann, P./Niehaus, J. (Hrsg.), Digitalisierung industrieller Arbeit (**2015**): Berlin, S. 205–230.

Plath, H.-E. (**2002**): Erfahrungswissen und Handlungskompetenz - Konsequenzen für die berufliche Weiterbildung, in: Kleinhenz, G. (Hrsg.), IAB-Kompendium Arbeitsmarkt- und Berufsforschung. Beiträge zur Arbeitsmarkt- und Berufsforschung (**2002**): Nürnberg, S. 517–530.

Polanyi, M. (**1967**): Sense-Giving and Sense-Reading, in: Cambridge University Press on behalf of Royal Institute of Philosophy, 42. Jg.,S. 301–325.

Porschen, S. (**2008**): Austausch impliziten Erfahrungswissens - Neue Perspektiven für dsa Wissensmanagement, 1. Aufl., Wiesbaden.

Probst, G., **Raub, S.**, **Romhardt, K.** (**2012**): Wissen Managen - Wie Unternehmen ihre wertvollste Ressource optimal nutzen, 7. Aufl., Wiesbaden.

Przyborski, A., **Wohlrab-Sahr, M.** (**2014**): Qualitative Sozialforschung - Ein Arbeitsbuch, 4. Aufl., München.

Rauner, F. (**2007**): Praktisches Wissen und berufliche Handlungskompetenz, in: Europäische Zeitschrift für Berufsbildung, 1. Jg.,S. 57–62.

Reinhardt/Eppler (**2004**): Wissenskommunikation in Organisationen, Heidelberg.

Renzl, B. (**2008**): Trust in management and knowledge sharing, in: Omega, 36. Jg.,S. 206–220.

Rhein-Ruhr-Institut für angewandte Mittelstandsforschung (RIFAM) (**2009**): Intergenerativer Wissenstransfer-Bewahrung des Wissens in Unternehmen in Zeiten des demograohischen Wandels, Mering.

Schein, E. (**2010**): Organizational Culture and Leadership - A Dynamic View, 4. Aufl., San Francisco.

Schömann, S. O. (**2012**): Produktentwicklung in der Automobilindustrie - Managementkonzepte vor dem Hintergrund gewandelter Herausforderungen, 1. Aufl., Wiesbaden.

Schreyögg, G., **Geiger, D.** (**2016**): Organisation - Grundlagen moderner Organisationsgestaltung, 6. Aufl., Wiesbaden.

Sevsay-Tegethoff, N. (**2007**): Bildung und anderes Wissen - Zur "neuen" Thematisierung von Erfahrungswissen in der beruflichen Bildung, 1. Aufl., Wiesbaden.

Solow, R. M. (**1956**): A Contribution to the Theory of Economic Growth, in: The Quarterly Journal of Economics, Vol. 70, S. 64–94.

Spender, J.-C. (**1996**): Making Knowledge the Basis of a Dynamic Theory of the Firm, in: Strategic Management Journal, Vol. 17, S. 45–62.

Staehle, W. H., **Conrad, P.** (**1999**): Management - Eine verhaltenswissenschaftliche Perspektive, 8. Aufl., München.

Staudt, E., **Kley, T.** (**2001**): Formelles Lernen – informelles Lernen – Erfahrungslernen Wo liegt der Schlüssel zur Kompetenzentwicklung von Fach- und Führungskräften?, in: QUEM-report, S. 227–276.

Staudt, E., **Kriegesmann, B.** (**2000**): Weiterbildung: Ein Mythos zerbricht, in: Grundlagen der Weiterbildung: „Kompetenzentwicklung und Qualifikation“, S. 174–176.

Steinmann, H., **Schreyögg, G.**, **Koch, J.** (**2013**): Management - Grundlagen der Unternehmensführung Konzepte - Funktionen - Fallstudien, 7. Aufl., Wiesbaden.

Szulanksi, G. (**1996**): Exploring internal stickiness: Impediments to the transfer of best practice within the firm, in: Strategic Management Journal, 17. Jg.,S. 27–43.

Szulanski, G., Ringov, D., Jensen, R. J. (2016): Overcoming Stickiness, in: Organization Science, 27. Jg.,S. 304–322.

te Boekhorst, K. (2009): Intergenerativer Wissenstransfer - Bewahrung des Wissens in Unternehmen in Zeiten des dempgrafischen Wandels, in: Rhein-Ruhr-Institut für angewandte Mittelstandsforschung (RIFAM) (Hrsg.), Intergenerativer Wissenstransfer-Bewahrung des Wissens in Unternehmen in Zeiten des demograohischen Wandels (**2009**): Mering, S. 1–13.

Vahs, D. (2015): Organisation - Ein Lehr- und Managementbuch, 9. Aufl., Stuttgart.

Wernerfelt, B. (1984): A Resource-based View of the Firm, in: Strategic Management Journal, 5. Jg.,S. 171–182.

Westkämper, E., Löffler, C. (2016): Strategien der Produktion - Technologien, Konzepte und Wege in die Praxis, Heidelberg.

Westkämper, E., Spath, D., Constantinescu, C., Lentes, J. (2013): Digitale Produktion, Berlin, Heidelberg, s.l.

Wilkesmann, U., Virgillito, A., Wilkesmann, M. (2009): Unterstützungsfaktoren für den Wissenstransfer im Kontext sozialer Arbeit, in: Zeitschrift für Arbeitsforschung, Arbeitsgestaltung und Arbeitspolitik, 18. Jg.,S. 5–18.

Zellmer-Bruhn, M. E. (2003): Interruptive Events and Team Knowledge Acquisition, in: Management Science, 49. Jg.,S. 514–528.

Verzeichnis verwendeter Online-Quellen

Begriff/Inhalt	Autor	URL	Zugriff am
Erfahrung	Duden online	http://www.duden.de/node/679122/revisions/1323374/view	04.08.2017
Erfahrung	Digitales Wörterbuch der deutschen Sprache; von Wolfgang Pfeifer überarbeitet	https://www.dwds.de/wb/Erfahrung	04.08.2017
One-Piece-Flow	Refa Consulting AG	http://refa-consulting.de/one-piece-flow-organisation-opf	25.08.2017
Original Equipment Manufacturer (OEM)	Gabler Wirtschaftslexikon	http://wirtschaftslexikon.gabler.de/Definition/original-equipment-manufacturer-oem.html	13.09.2017
Prozess	Duden	http://www.duden.de/rechtschreibung/Prozess#Bedeutung2	13.08.2017
Taskforce	Duden	http://www.duden.de/rechtschreibung/Taskforce	09.09.2017
Scrum	InLoox GmbH	http://projektmanagement-definitionen.de/glossar/scrum	18.05.2017
IBU Forschungsprojekt „Konzeptionelle Grundlagen“	Institut für Sozialwissenschaftliche Forschung München e.V.	http://www.ibu-verbund.de/grundlagen.html	05.04.2016
„Erfahrungsbasierte WissensArbeit in flexiblen Montagesystemen – WAMo“	Institut für Sozialwissenschaftliche Forschung München e.V.	www.wamo-projekt.de	05.08.2017